トム・アサカワの世界のおさかな事情

元・在日米国大使館商務部
水産担当商務官

浅川 知廣

発刊にあたり

　トム・アサカワこと浅川知廣です。私は、日本の高校を卒業後、州立オレゴン大学に留学、数学科で学位を修めました。この頃、同大学の先輩がオレゴン州アストリアで、日本市場向けに筋子の加工を開始しました。大学卒業前の2年間に夏休みの学費稼ぎに手伝いをしたのが水産業界に関わるきっかけになりました。大学を卒業して帰国後先輩の会社に就職し、5年ほどアラスカでサケやカニの買付、筋子の加工に従事しました。その時の経験から1980年代半ばに、アラスカ州政府の日本市場の担当者として勤務。その後、在日アメリカ大使館商務部の水産貿易担当商務官として奉職しております。

　長年にわたり日本と米国の水産貿易の促進をはじめ、業界間の交流の架け橋として尽力し、両国の多くの業界関係者との信頼と人望を築いたと自負しています。米国大使館退官後においては、これまでの国際的視野からの水産貿易分野の経験を活かし、コンサルタント業を行う傍ら、水産市場流通の専門紙に5年間にわたりコラム「世界の水産事情」を執筆しました。そこで今回、これまでに執筆した内容をまとめ「トム・アサカワの世界のおさかな事情」として発刊するものです。

本書の内容は、米国をはじめ海外のメディア媒体に掲載された記事のうち、トピックス的なものや米国での水産業界情報として、例えば米国輸入水産物モニタリング・プログラムや米国議会での新たな漁業規制の動きを紹介。また、急激な進出でいろいろな歪みが見られる中国の情報、水産食品や肉の消費の動向、関連する食のトレンド。さらにはＳＤＧｓに向けた環境絡みの動きや動物福祉など日本では、まだ聞き覚えのない事例、植物由来の養殖餌料や代替え水産物・人工肉などの新技術情報の動きを紹介しています。また、仕事で訪れた各国のシーフード・ショーの概要も合わせて紹介しています。

日本と米国をはじめ世界の水産物事情を理解する内容が網羅されており、水産業界者ばかりではなく、広く水産物の消費・生活者をはじめ、水産や食品学を学ぶ学生の皆さんあるいは、水産企業の新入社員の副読書など、各方面の方々に世界の水産物事情の知見を持ってもらえる一助となることを願い、発刊しました。

発刊にあたり、５年間にわたり原稿を掲載していただいた日刊食料新聞と出版社の北斗書房の山本義樹社長及び、編纂をお願がいした東京海洋大学の辻雅司先生（客員教授）にお礼を申し上げます。

著　者

— 目 次 —

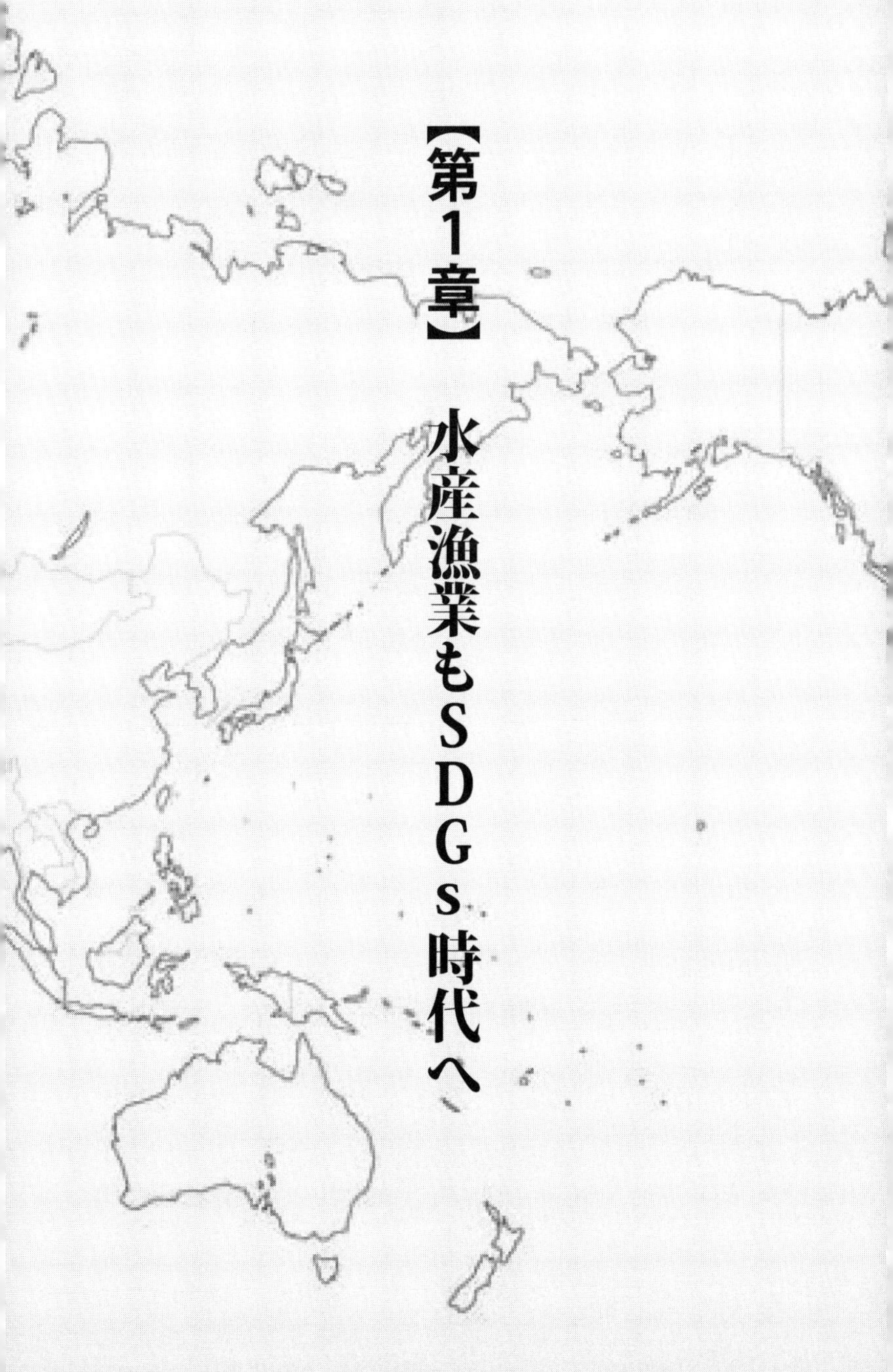

【第1章】

水産漁業もＳＤＧｓ時代へ

（1）ＩＵＵ漁業は大きな問題

先進国の間ではＩＵＵ漁業（Illegal（違法）・Unreported（無報告）・Unregulated（無規制））と日本でも一時期話題となった魚名の偽装問題が昨今の大きな課題です。ＥＵはＩＵＵ漁業撲滅の条例を２０１０年1月に制定しましたが米国海洋漁業局（NOAA Fisheries）もＩＵＵ漁業と偽装問題に関するホームページ<http://www.iuufishing.noaa.gov/Home.aspx>を最近開設しました。ＩＵＵと偽装問題を同じホームページに記載する理由はＩＵＵ漁業で漁獲された魚が魚名を偽って市場で取引されることが多いからです。ＩＵＵ漁業は資源管理を損ない、正当な漁業で漁獲された魚の価値を不当に引き下げて漁業界に甚大な損失を与えます。

その中で特別な注意を要する15魚種をＮＯＡＡが記載しています。アワビ、大西洋タラ、ワタリガニ、シイラ、ハタ、タラバガニ、マダラ、フエダイ、ナマコ、サメ、エビ、カジキ、ビンチョウ、メバチマグロ、カツオ、そしてキハダマグロの15魚種です。アメリカ国内市場で問題となる魚種ですが、これから海外市場へ輸出を目指す水産会社や商社は注意を要します。魚種、漁場、漁船、漁獲時期、水揚げ地、加工地など明確なトレーサビリティが重要になります。また漁船や加工場における労働問題が深刻な問題になっています。タイ国の漁船や加工場では外国籍労働者に対する過酷労働や低賃金が問題視され、ＥＵはタイ国からの水産物輸入にイエローカードを出しています。この問題を早急に解決しなければレッドカードとなりＥＵはタイ国に対して輸入禁止措置を課することになります。資源保護団体は労働問題にかかわる外国加工場から輸入された水産物を販売しているとしてアメリカの大手スーパーを訴えています。

これらの問題を回避するには公明正大な漁業と水産加工が必須となり、海外市場を開拓するためには上記ＩＵＵ問題に関する取組み、水産資源管理の仕組み、混獲と洋上投棄、漁船と加工場における労働環境、ＨＡＣＣＰ、トレーサビリティなどを予め準備する必要がありそうです。養殖魚においても同様な条件が求められていますが、更に生餌、魚粉・魚油など養殖魚の餌となる漁業に対しても同じ条件が求められます。（2015・12・18）

（2）アメリカ水産物の地産地消

ドッグフィッシュ・ナゲットはミレニアルズ（１９８０年くらいから、２０００年初めに生まれた人々）のフィッシュ・スティック。Ａｐ通信の報道によるとマサチューセッツ州の水産加工会社 Ipswich Shellfish 社はドッグフィッシュ（アブラツノザメ）で生産するナゲット「Sharck Bite」を大学生に慣れ親しんでもらおうと試みています。このナゲットはグルテンフリーでアレルギー成分の少ない表皮で包まれているそうです。ドッグフィッシュなどの「駄魚」と呼ばれる魚が米国ニューイングランド地方の新トレンドとなりそうで、すでにいくつかの大学食堂のメニューに採用されています。毎年数百万ポンドが漁獲され、ポンドあたり数セントの浜値で取引されている米国東海岸のドッグフィッシュは成長が見込まれる新トレンドとなっているそうです。

米国水産業界では、漁獲減とかより厳格な漁獲枠の対象となっているタラやマグロ、ハドック、エビなどの伝統的な食用魚に比べてこれまで市場に受け入れられず価値がなかった魚種に力を入れているのです。駄魚の利用促進は、より資源豊富な魚種への転換という全国的なトレンドを反映していて、地産地消で地元の漁業者、水産業界、地元経済を支援することになるのです。

（２０１６・１・20）

（3）タイの水産加工場での人権問題は新たな展開

アンダーカレントニュースによると、英国の主要小売店に供給するタイのエビ輸出業者が18歳以下の労働者を給与保障なしに解雇しました。18歳以下の労働者に関するタイの新たな法律への対処です。今年１月13日に施行された法律では水産物加工会社は18歳以下の労働者の雇用を禁止し、またそのような若年労働者を発見した場合は退職させなければなりません。タイからエビなどを輸入している英国の水産物輸入・卸売業者シーフレッシュ社は、退職しなければならない若年労働者を支援し、地元提携先業者と共に別途な法的状況を見出そうと努力しています。

年齢を確認するためにタイ地元政府はシーフレッシュ社に対して疑わしい若年労働者の歯科検診を命令しました。歯による年齢推定は信頼性があるのか不確かですが就職時の虚偽申告を理由にシーフレッシュ社は退職する若年外国人労働者への補償は行わず、タイ政府が退職者に対して補償を与えることを確認しているそうです。

タイ政府によると他の産業では18歳以下の若年労働者を受け入れていると言われていて水産加工業界だけが新法の対象となったようです。強制労働、密入国、労働者の人権侵害などの報道によりタイの水産会社はサプライ・チェーンの見直しに奔走していて、今回の事件で主にミャンマーからの外国人労働者たちが他の雇用者へ「転売」させられる危険をはらんでいると言われています。（2016・1・31）

（4）北米、南米で海藻類養殖が成長産業に

シーフードニュースによると海藻類の養殖は魚や牡蠣よりも生産性があり、且つ大きな労働力も不要ということで、50億ドルの世界規模産業に成長していると報告しています。米国メイン州の企業は昨年養殖ケルプ（昆布）を利用した新製品ケルプキューブの販売を開始しました。固形ブイヨンのような形をしたケルプキューブは、多くの緑色野菜を利用する人気のスムージー市場で活用されることを目指しています。

同社は他にもキャベツのコールスロー・サラダに似た「シー・スロー」、「シー・ラウンド」、「ラップ」などのケルプ製品を販売しているそうです。カナダの養殖サーモン大手企業も有機栽培されたケルプの製品化を進めています。同じくカナダのブリティッシュ・コロンビア州では、バンクーバー・サン紙によると自然科学工学研究会議が予算を提供して

30の養殖場でケルプの苗を育てて１００億ドル産業を目指しているそうです。ケルプの種類によってはバイオ燃料の原料としても視野に入れています。南米チリでは、ケルプの養殖栽培産業が年間５億４０００万ドルの規模になると予測しています。アラスカも例外ではなく州内56の養殖場のうち五か所の養殖場でケルプを栽培しています。

アジアでは古くから昆布で出汁をとり、食品として利用され、栄養分も豊富で、ビタミン材、化粧品、医薬品など、そして産業用の増粘剤としても多く利用されてきたことに漸く注目し始めたようです。また海藻類は生活排水などに起因する海中の富栄養化対策にも有効とされ自然環境対策としても今後大いに活用されそうです。（２０１６・２・14）

（5）サンフランシスコで寿司セミナー

先月は久々にサンフランシスコへ行きました。サンフランシスコ大学で行われた寿司知識普及セミナーに主催者の方々と同席させてもらいました。シーフード・ショーへの参加でボストンへは毎年行っていたのですが、前回サンフランシスコへ行ったのがいつだったかまったく思い出せません。

記憶にあるのは私の子供たちが三歳くらいで、レンタカーでサンフランシスコ湾を一周し、地元住民がペットのラブラドール犬と一緒に海で泳いでいるのを見て羨ましく思い、水族館でシャチの演技を見物し、フィッシャーマンズワーフを歩き回ったことです。となると20年以上サンフランシスコには行っていなかったということになります。

寿司知識普及セミナーが行われたサンフランシスコ大学は市内北部の小高い山の上にあり、透明な青空の下でとても静かな環境でした。第一部はプロの料理人向けのセミナーでおよそ100人の受講者で会場が埋まりました。セミナーの内容は寿司の歴史から始まり、衛生面、和包丁の特徴、コメの研ぎ方、魚のおろし方、握りずしの飾り方など寿司の基礎知識でとても充実した内容でした。

後半になってようやく握りずしや巻きずし、笹の葉の飾りなど伝統的な江戸前のセミナーになり、受講者全員での試食で締めくくりました。この間およそ四時間、途中退席した受講者は一人もいませんでした。冗談を交えた講師の巧みな話術と実践的な画像を駆使した包括的な講義内容で受講者の関心を引き付けていました。

第二部はサンフランシスコ大学の学生向けセミナーでした。この大学にはホスピタリティ・マネージメントという学部があり観光業、ホテル、レストラン、会議場の運営や経営を学べます。デモンストレーション・キッチンの設備があり地元のオーナーシェフによる料理の講義も提供しています。一部、次の講義を控えていた学生を除いて全員が最後まで講義を熱心に聞き最後の試食は最高に盛り上がりました。

このようなセミナーで伝統的な江戸前寿司を理解し提供できるシェフが海外で増えるでしょう。そして突飛で過激なフュージョン寿司の傾向が改められることを期待します。

カリフォルニア州は良質なウニの産地なので同州のウニ業界団体にコラボレーションを依頼したのですがエルニーニョの影響で水揚げがなく残念ながらこの提案は実現しませんでした。一部の加工業者はアラスカにまでウニの買付に行っているそうです。また東海岸の有力産地であるメイン州では日本以外の市場で同州のウニがより高価格で売れているそうです。

（２０１６・３・５）

（6）ボストン・シーフード・ショー

今年のシーフード・エキスポ・ノースアメリカ（旧ボストン・シーフード・ショー）は大変盛況でした。天候にも恵まれて雪もほとんど無く比較的温暖でした。会場へはフルに一日しか行けませんでしたが入場者も昨年より多くほぼ会場全体に活気が感じられました。その後先ずは古巣の海洋漁業局へ足を運びかつての同僚たちとの再会を喜び合いました。知り合いの出展者のブースを訪問して近況を話し合いました。今回同エキスポで特に話題となったのはマサチューセッツ州グロスター市の初出展でした。

時間の制約でブースの訪問は叶いませんでしたが現地出版物の報告によればブースでは市内の加工業者と醸造業者の協力でふるまわれたアカウオのスープとクラフト・ビールが大好評だったそうです。レセプションも開かれ市内の水産業を積極的に宣伝したそうです。グロスター市は米国最古の港町と言われ、その水産業は１８４９年に設立されたジョン・ピュー・アンド・サンズという水産加工会社

①ボストンシーフードショーの入口

（出典は一覧表に記載）

に始まりました。１８７４年にはスレード・ゴートンがスレード・ゴートン・アンド・カンパニー社を設立して塩蔵のタラとサバの販売を開始しました。

上記二社は１９０６年に合併してゴートン・ピュー・フィッシャリーズとなり、その後複数の事業所有者の手を経て現在はゴートンズ・オブ・グロスター社となり、２００１年から日本水産の子会社となっています。同市の港のシンボルである舵輪を持つ漁業者の像は１９２５年に建立され１６２３〜１９２３年の３００年の間に海で命を落とした同市漁業者の追悼碑です。

２０１４年６月に当時のグロスター市長キャロリン・カーク氏と東京で面会する機会がありました。その時の話題が同市の水産業を盛り上げるには市としてなにができるかということでした。同年11.月にはカーク氏のコンサルタントと東京で同じ話題を話し合いました。私は一貫してシーフード・エキスポ・ノースアメリカに出展して世界

②フィッシャーマンズメモリー像
（出典は表紙下に記載）

中から来る来場者へ同市の水産業をアピールすることを勧めました。同市がその提案を今回実現し広く世界中のミディアにも取り上げられるという成功を収めたことに自分自身少しだけ誇らしく感じます。

急ぎの旅となったため特に目につく魚種や商品にはめぐり合えませんでしたがJETROの日本パビリオン出展者や日本からの来場者は何かヒントを得た方々も多いのではないでしょうか。

フランス産の巻貝の一種リンペットがシーフード・エキスポ・ノースアメリカで初めて展示されました。これから北米の市場を開拓するそうです。同じフランス産リンペットが、先日幕張で開催されたフーデックスでも展示されていました。新たな食材として楽しみになりそうです。

（2016・3・26）

（7）冬のソナタの韓国を訪問

4月3日から一週間桜が満開の韓国へ行ってきました。最初の三日間は牡蠣の産地トンヨン。成田から釜山へ午後1時頃到着。トンヨンの牡蠣加工業者の Ryan 君が空港まで迎えに来てくれました。途中道路沿いの見事な桜並木を楽しみながら車で2時間ほどかけてトンヨンに到着。トンヨン滞在はこれで2回目ですが今回も小高い丘の上にある小さくて家族的なリゾートタイプのホテルでした。部屋からは目の前に海岸と島々、その間に牡蠣の筏がいくつか浮いて小舟が作業をしていました。

ホテルの回りは畑の中に民家が点在して実にのどかな風景。ところがホテルには売店など無く、付近にもコンビニなどの商店もありません。小腹がすいていたのでホテルの管理人に尋ねたら食堂の冷蔵庫からパンとチーズ、リンゴなどを用意してくれました。自分でチーズサンドイッチを作り食堂のキッチンから適当にインスタントコーヒーやティーバッグをもって部屋で食べました。玄関で靴を脱いで部屋に入り、ミニキッチンがあり、バスルームには韓国では珍しいバスタブ付でした。とても気楽に宿泊できるホテルでした。夕食はサ

③冬のソナタの建物の前での浅川夫妻

（著者所有）

ムスン造船所に隣接するサムスン・ホテルで新婚 Ryan 君の奥さんと1歳半の息子さんとフレンチレストランで。オーストラリア産の和牛と地元産の鯛がメインディッシュで鯛は皮が香ばしく特に美味でした。このホテルはサムスン造船所の来客者専用で一般の訪問者には開放していないそうですが5星ホテル級の施設でした。ホテルからの眺望も対岸のトンヨン市内の光がきれいでした。

翌日は仕事のつもりでいたのですが同行したカミさんのことを考えてか Ryan 君が観光をアレンジしてくれました。宿泊のホテルから30分ほど車で移動し、遊覧船で別の島へ移動。遊覧船の待ち時間に周りを散策。港の前には韓国特有の歩道に水槽を並べた食堂が数軒並び、活のボラ、ヒラメ、ホヤ、サザエ、アワビなどが展示販売していました。

波が高く一つの島にしか上陸できませんでした。ところがこの島は島全体が植物園のような観光地でした。かなり上まで登ったところにある建物の前に着いたところカミさんが俄かに興奮し始めました。なんとこの建物が一時期日本で話題となった「冬のソナタ」の最後のシーン、ペ・ヨンジュンとチェ・ジウが再開した撮影地だったのです。

翌日になって漸く本来の仕事です。先ず二枚貝の養殖計画の現場を Ryan 君と視察してからトンヨン市庁舎へ行き担当者と今後の計画を話し合いました。同市は韓国政府の支援を受けて二枚貝の養殖を牡蠣に次ぐ産業に育てる計画を立てています。
トンヨンのつぎはソウルです。ソウルでは第12回ソウル・シーフード・ショーに参加しました。次回はソウル・シーフード・ショーについて報告します。（２０１６・４・10）

（８）ソウル・シーフード・ショー

第12回ソウル・シーフード・ショーが４月６～８日にソウル市江南区のCOEXで開催されました。今回は韓国企業の他に21か国からの出展があり合計３５０ブース、１５０以上の企業・団体が出展しました。日本からは水産加工機械１社と現地法人の日本産ソースの会社１社が出展しました。天候も良く入場者数はおよそ１万５０００人で昨年より活気があったようです。

今回は初めて海外バイヤーの招待がありアメリカ、カナダ、中国などからのバイヤーが特別ブースで個別商談会に参加しました。日本からは２社と報道関係１社が参加しましたが皆様精力的に商談や取材に臨んでいたようです。

入口の近くは韓国の水産大手東遠（ドンウォン）が大きなブースを構えてマグロの試食

では毎回長蛇の列ができていました。その列には漁業団体や研究機関などが水産加工品や水産物由来の製品などを展示しました。

展示品の多くは、典型的な韓国産水産加工品の黄グチ、海苔加工品、乾燥ワカメ、昆布、様々な原料の塩辛、煮干しなどでした。最近の韓国海苔業界は製品の種類を増やして子供向けのスナックタイプや、料理が上手な芸能人や有名シェフとタイアップした海苔製品の展示が目立ちました。スナックタイプは薄切りのアーモンドやゴマなどを海苔で挟んだ一口サイズの製品で主に子供向けのおやつ市場をターゲットにしていましたがお酒のおつまみにも良さそうです。

同様にスナック向けに一口サイズの海苔に粉をまぶして油で揚げたポテトチップス感覚で食べる商品も試食品が数多く提供されていました。少し大型で味付けの海苔ふりかけを始めとして同行したカミさんはこれら海苔製品を大量に購入しました。しばらくは我が家での海苔消費が増えることでしょう。

日本のファーストフィッシュのように調理済で一食分個別真空包装のサバなども多数見受けられました。韓国では働く主婦が多くこれらの製品も今後より多く消費者に受け入れられるでしょう。ウナギは外食で生の輪切りを焼肉と同様にコチュジャンを付けて荏胡麻の葉やサニーレタスなどで巻いて食するのが韓国では普通ですが蒲焼や白焼きの個別真空包装製品も展示されていました。

来年のソウル・シーフード・ショーは5月10～12日の開催です。桜の季節を外れてしまいますが会場は30％広いCOEXのＡホールということで更なる発展が期待されます。


（２０１６・３・25）

（9）母の日とレストラン

ゴールデンウイークも終わり、また現実の世界に戻ったような感じです。ゴールデンウイーク前半の新聞折り込みチラシはバーベキュー関連の内容で肉類が中心、後半はこどもの日、母の日とお祝い事が続きチラシの内容は寿司とステーキが目立ちました。５月５日発表の米国レストラン協会の調査によるとアメリカ人の35％は母の日に外食をし、およそ10人に一人はレストランのテイクアウトかデリバリーを利用するそうです。

母親が母の日に食べたい食品では26％が魚料理を、18％はエスニックフード（イタリア、メキシコ、地中海、寿司など）、16％はステーキ、そして12％はバイキングで様々な料理を希望しました。母の日にレストランで外食する人々は13％が朝食を、26％はブランチ、

31％は昼食、そして46％は夕食を希望しました（注釈：数字が１００％を超えるのは複数選択による）。

母の日を祝う食事をレストランですることを計画した消費者の69％はカジュアルレストランを選択、21％は高級レストラン、13％はバイキング方式のレストランを希望しました。５月８日に外食を計画した消費者の45％は18歳以下の子供を同伴させるそうです。これらの数字からアメリカ人消費者の堅実さが浮かびます。また祝い事の食事の選択で朝食しかも外食とは日本では想像できないと思います。（？）

(10) ブリュッセルのシーフード・ショー

世界最大と称されるシーフード・エキスポ・グローバルが先月26～28日にベルギー・ブリュッセルで開催されました。数週間前に起きた空港爆発事件にもかかわらず72の地域・外国パビリオンを含む76か国から１６５０企業・団体が出展しました。入場者数は主催者推定で１４４か国から２万６６００人でした。一部米国水産大手や韓国パビリオン出展者など出展をキャンセルしたのは僅か５％だったそうです。

日本からは日本貿易振興機構を含む15社が出展しました。今年出展された水産物の中から主催者賞「Seafood Excellence Global」に選ばれたのはフランスで高圧処理されたタラバガニむき身（ホテル・レストラン・ケータリング部門）とドイツ企業が製造したエビ焼売とエビ餃子（小売部門）が選ばれました。一本ずつ真空パックされた高圧処理のタラバガニは簡便性と茹で上げた直後の活タラバガニのような風味とジューシーな食感が審査員から高く評価されました。エビ焼売とエビ餃子は独特な風味とエビ一尾丸ごと使った餡、そして電子レンジで加熱が可能なトレーの包装で評価されました。

（２０１６・５・７）

④ 2019年10月パリコルドンブルー本校での日本産水産物料理講習会で挨拶する大日本水産会・白須会長（著者所有）

（11）遺伝子組み換えサーモン

カナダ政府がついに遺伝子組み換えサーモン（GMOサーモン）の食品としての販売を認可しました。アクアバウンティ社（Aquabounty）がプリンスエドワード島の循環式陸上養殖施設で生産するアトランティック・サーモンは通常の海上養殖施設で生産されるアトランティック・サーモンに比べて成長は半分の1年半で出荷サイズになるそうです。餌料も海上養殖で生産されるアトランティック・サーモンと同じ餌を与えるそうです。

食品安全性について、このGMOサーモンが他の養殖アトランティック・サーモンと同等であることをカナダ政府は科学的見地から認めました。アクアバウンティ社によれば陸上施設での養殖のため海への逃避もなく環境破壊の危惧もないそうです。このGMOサーモンはアクアドバンテージ・サーモン（AquAdvantage

⑤サケの洗浄加工風景

（出典は一覧表に記載）

Salmon）のブランド名で販売されますが遺伝子組み換えの表示義務はなく、一部の海上サーモン養殖業者や環境保護団体は遺伝子組み換え食品を好まない消費者がすべての養殖サーモンを購入しなくなるのを危惧しているそうです。なお米国食品医薬品局（ＦＤＡ）も２０１５年11月に同社のＧＭＯサーモンを承認しています。

⑿　スーパー市場急拡大のベトナム

ベトナムではスーパーマーケットが著しい伸びを見せて小売部門における水産物の販売に多大の影響を与えるだろうと報道されています。若年層は従来の魚小売店よりも簡便で近代的なスーパーマーケットでのショッピングを気に入っています。この消費者層は、露店小売商で彼らの親のように高品質の魚を選ぶ知識がなく、衛生的なスーパーマーケットに並べられている魚を好む傾向があるそうです。ベトナムのスーパーマーケットでは淡水魚が売れ筋です。

ティラピアはベトナム全域で販売され、地元で獲れるウナギやコイ、養殖魚のジャイアントグラミー（日本では観賞用熱帯魚の一種で全長70センチになる）などの淡水魚も販売されています。エビとマグロも人気魚種で養殖アトランティック・サーモンは中国から輸入されているそうです。ベトナムのスーパーマーケットの多くは、衣料品や雑貨を販売するショッピング・モール内にあります。そこではフードコートや映画館も施設内にあります。

国内市場が２０１５年に開放されて以来、ベトナムの小売市場は急速に拡大していいます。ベトナム・ニュース紙によるとビンマート（VinMart）社は２０１７年までにスーパーマーケット100店舗とコンビニエンス・ストア‐１０００店舗を開店する予定だそうです。韓国企業のロッテグループは２０２０年までにスーパーマーケット60店舗を開店する計画だと昨年発表しました。同グループはベトナム国内でファーストフード・チェーンのロッテリア、ショッピング・モール、ホテル、映画館も運営しています。

約６・７パーセントの成長予測を達成すれば、ベトナムは今年世界で最も成長力が高い市場となります。ベトナムにはより裕福になっている９０００万人の人口がいます。従って、その急成長する小売り部門への投資目的で外国資本が群がっているのです。しかし、ホーチミン市のインフォーカス・メコン・リサーチ社によれば、ベトナムの小売業界は競合が激しく、多くのスーパーマーケットやコンビニエンス・ストアが高収益を上げているわけではないそうです。

（２０１６・５・21）

（13）温暖化でタコ・イカ類が増える？ダイオウイカ寿命2倍に

日本では最近イカの加工原料がかなり不足している状況ですが、オーストラリア・アデレイド大学のブロンウィン・ギランダー研究員の調査によると、タコやイカなど頭足類の個体数が過去50年以上にわたって着実に増加しているそうです。その原因は海水温の上昇に一部基因している可能性があり水温の上昇で数種の頭足類は成長が早くなり、より大きく成長しかつ寿命も延びるそうです。

ダイオウイカを例にとると十年前と比べて魚体はより大きく寿命も倍以上に延びています。科学者たちはエルニーニョによる水温の上昇がこのような状態を引き起こしていると考えています。１９９０年以前では南米の漁業者たちは4ポンド程度のダイオウイカを漁獲していました。ところがその後は80ポンドを超える巨大なダイオウイカが数多く出現し、これらのイカの寿命は1年から2年になっているそうです。同研究員によれば頭足類の世界規模の増加はそれらを捕食する水産生物の減少にも起因している可能性があるそうです。これらの現象には不確実な面も多いが頭足類の増加はそれらを捕食する生物とともに人間にとっても利益となると同研究員は伝えています。しかしながら近年の日本の加工業界にとってはこの恩恵を受けていないようです。

(14) シーフードの定義ゆらぐ、人工エビやカニカマ

人造のエビがシーフードのサステナビリティ（持続性）の定義を書き換えそうです。科学者マーク・ポストが２０１３年に最高額のハンバーグを製造して話題になりました。価格は32万５０００ドルでしたが、注目を浴びたのはそのパティは牛肉ではなく試験管から製造されたことでした。今回カリフォルニア州のニュー・ウェーブ・フーズ社がエビで同様なことを行いました。計画通りに進めば8か月で見た目も味も本物のエビと遜色ない植物と海藻で人工的に製造されたポップコーン・シュリンプを消費者が選べることになるそうです。

同社マーケティング・スペシャリストのフロリアン・ラドキ氏曰く「消費者が求める味と信頼のおける製造元が提供する食品であれば消費者は動物由来の食品か否

⑥カニカマ製品
（新潟蒲鉾メーカー提供）

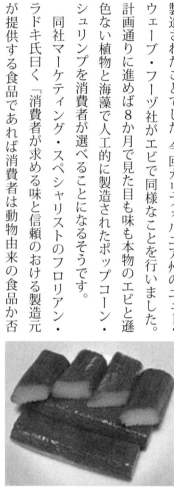

かを気に掛けることはないと確信している。食感や風味などが同じなら我社の製品をシーフードと認識すると考える」そうである。

一部一般消費者や自然主義者にとっては製造原料や工程が分かったとしてもこの製品を受け入れるにはカニカマ以上に抵抗があると想像するのですが。（２０１６・６・20）

(15) Eコマース急拡大

先日2泊4日でワシントンＤＣに行ってきました。以前の出張ではワシントンDC近郊メリーランド州シルバースプリングにある商務省海洋漁業局に行ったのですが今回は多くの大使館が並ぶ地域のホテルに宿泊しました。シルバースプリングではよくタイ・レストランで食事をしたので近くで同じようなレストランがないか検索してみました。口コミを覗いてみるとタイ・レストランで食べたスシが一番うまかったという書き込みが数多くありました。

もちろん握りずしではなく巻きずしだと思いますが多くの疑問符が頭の中を駆け巡りました。翌日元農務省職員の友人と会った時に尋ねたところ、ワシントンＤＣでは当たり前だと言われました。日本でもラーメン、うどん、鶏のから揚げなどを提供する回転寿司店が存在するのだからワシントンDCのタイ・レストランでスシを提供してもありだなと納得してしまいました。結局、その日はホテルから一番近いインド・レストランへ行ってしまいました。

Eコマース（電子商取引）による個人輸入が中国で急速に拡大しています。2016年には860億ドル（8兆6000億円）になると予測されていて、2014年の3倍の規模です。市場調査会社 eMarketer は2017年には1100億ドル（11兆円）に、そして2020年には1600億ドル（16兆円）になると予測しています。

アリババ系列のTモール・グローバル社は米国とEUに事務所を構えて中国の中産階級消費者の需要を満たす水産物などの商品を供給する業者を探し求めているそうです。

中国の2015年電子商取引規模は世界最大で総額6300億ドル(63兆円)、米国の1・8倍でした。また中国の電子商取引規模は小売総額の13・5％で米国の電子商取引規模をはるかに凌いでいます。

もちろん電子商取引は非生鮮食品に適していて中国人消費者は韓国や日本から大量の化粧品を購入しています。水産物についても拡大する需要に応えて電子商取引小売り業者は食品販売に必要なコールドチェーンを改善しています。

中国国内のＥコマース消費者４億人はすでに国外から様々な商品を購入していて一人当たり年間４７３ドルを消費しています。インターネットを活用する富裕層消費者は安全で高品質な食品を求めているので中国への国境を超えた販売に注目することが世界的な水産物供給業者にとって極めて重要になると伝えています。

（２０１６・７・９）

(16) ロサンゼルスのチャイナタウン

先週は数年ぶりにロサンゼルスへ行ってきました。２泊４日の旅でしたが、いつもの西海岸の気持ちの良い青空を楽しめました。宿泊先のホテルがチャイナタウンの外縁部でハイウェイを挟んだ斜め前はメキシコ系の観光スポットでした。到着した日の昼食はカフェテリア・スタイルのメキシカンレストランでメキシコ料理。タコス、エンチラダ、ライス、豆の煮込みで普通のＢ級グルメでした。スパイスも弱くタバスコもテーブルにはありませんでした。万人向きなのでしょうか。最近はやりのフィッシュ・タコスもメニューにありましたが、味と食感を想像してしまい食欲がわきませんでした。

夕食はロサンゼルス在住のアメリカ人友人と中国料理店へ。豆腐と牡蠣の煮込み、焼きそば、レタスのチャーハン。ビールはバドワイザーと青島ビール。大ぶりの牡蠣は美味しかったです。

翌日の昼食はダウンタウンの人気フードコートで。グリルドチーズ・サンドイッチ、トマトスープ、アイスティー。大学時代によく食べた典型的なアメリカの昼食を久しぶりに堪能しました。その日の午後はダウンタウンに新しく出店したホール・フーズを見学しました。6フィートほどのショーケースにノルウェー産サーモン、今がシーズンのアラスカ産紅鮭、カレイ類、イカ、タラバガニなどを陳列していましたが種類は少ないです。

その後、魚の卸売会社を訪問しました。鮮魚が中心で平台の氷の上にオヒョウ、ニュージーランド産タイ、スズキ、サワラ、養殖サーモン、ビンチョウ、ワタリガニ、イクラ、タコ、

⑦米国の鮮魚店の売場

（出典は一覧表に記載）

殻付き牡蠣、グイダック、アサリ、ホタテ貝、イカ、マグロなどを陳列していました。
中でも目を引いたのが色鮮やかな1～2キロくらいのキンキでした。価格はポンド４ドルと日本で販売されている国産キンキと比べて格安。味は劣るとはいえこの価格なら思わず買ってしまいそうです。

その日の夕食はこの旅の同行者と２人で8時過ぎにチャイナタウンの中心部を目指しました。驚いたことに殆どのレストランが7時半とか8時半で閉店でした。そのうえ酒類を提供しないレストランが多く、３店ほど覗いてから結局、昨晩と同じレストランで落ち着きました。

今回の旅では魚料理を味わうことはできませんでしたが、米国内のスーパーマーケットでは調理済みの水産食品の販売が近年上昇傾向のようです。市場調査会社ニールセンによると今年第１四半期の調理済み水産食品の販売額は3億２７４０万ドルで前年同期から０・５％の増加だそうです。微増とはいえこの傾向は２０１１年から続いていて、家庭内での魚の調理を嫌うアメリカ人消費者にとって簡単に加熱するだけでテーブルに出せる調理済み水産食品の需要は堅調であり、小売店にとっても提供しやすい食品だそうです。

（２０１６・７・30）

(17) ベトナムに日系ショッピングセンター進出

今月始めにベトナムへ行きました。ハノイとホーチミンシティーへ3泊4日の旅でした。ハノイでは先ず日系大手ショッピング・モールのスーパーマーケットを見学。店内は日本の店舗と同様のデザインでした。寿司のコーナーには平台に握りずしのパッケージを数多く並べて販売していました。人気ネタはサーモンのようでどのパッケージもサーモンの握りずしが必ず入っていました。

マグロはごくわずかで身色も気になりました。午後2時ごろでしたが購入者の列ができて寿司の人気が身近に感じられました。鮮魚売り場でもサーモンの切り身や頭が目立ちました。氷を敷き詰めた平台の上には大小さまざまな鮮魚が並べられていました。貝類も二枚貝と巻貝で4～5種類、活で販売されていました。水槽には小型のチョウザメや雷魚、ティラピアなどが泳いでいました。冷凍品は一尾ずつ真空パックされた500g以上の大型のサバが多く、品名もアルファベットで「Saba」と表示されています。

カットした野菜と魚の切り身などを盛り合わせてそのまま鍋料理にできるような商品も数多く並んでいました。さすがエビの輸出国です。エビの冷凍加工品も多く、家庭でフライなど温めるだけで簡便にテーブルに出せるような商品がありました。平日の午後早い時間でしたがこのモールの来客数は多く、若年層がほとんどで高齢者の姿はありませんでした。

ヨーロッパ系のBigCという大型ショッピングセンターも見学しました。上記日系モールより庶民的で、Ikeaにあるような大きなショッピングカートを押したまま上の階に上がれるエスカレーターがありました。売り場に入る前に手荷物を預けます。上の階は衣服、靴、家電などで一階は食料品、販売している水産物は上記モールと似通っていましたが、展示方法などはやはり庶民的な感覚でした。

最後に伝統的なウェットマーケットです。町中の一角に冷凍や冷蔵設備のない家族経営の小型店舗の集合地区で鮮魚、活魚、肉、野菜などを販売しています。ファッション系のショッピングモールや欧米系のショッピングセンターなどには行かない地元の消費者が顧客なのでしょう。

⑧ハノイ市のイオンモール
（筆者撮影）

ホテルにチェックインしてから道路を挟んだ向かい側にあるビアガーデンのような屋外レストランへ夕食を食べに行きました。野菜と肉の炒め物やカタクチイワシのような小魚のから揚げなどをつまみにビールを堪能しました。ちなみに初めて覚えたベトナム語がビア・ハノイ（ハノイビール）でした。

（2016・8・14）

(18) 米国でもウナギのかば焼きが人気！窃盗事件も

今夏の土用の丑のウナギは順調な売れ行きだったようですが、アメリカでもウナギ蒲焼の人気が高まっています。ニューヨーク州ブルックリンでは、先月初めにおよそ100万ドル相当のウナギの蒲焼盗難事件がありました。実情を知らないトラックドライバーは、偽の書類を手渡され、通関済みの中国産蒲焼をニュージャージー州エリザベスのターミナルで受け取りました。ドライバーは指示された公園へ向かい、積荷は別のトラックへ乗せ換えられて姿を消しました。窃盗犯は2000カートンの蒲焼、およそ100万ドル相当、を手に入れたのです。

輸入業者は、ニューヨーク州警察にこの盗難事件を届けた後も独自で調査を続け、ニューヨーク市内外のレストランや市場で売られていることを知りました。この輸入業者は、街角で自社の表示があるカートンが５２０ドルで売られていることを発見しました。

　警察との協力で、この輸入業者は、市内の中国料理店の外で自社製品２００カートンを買い取るという罠を張りました。警察当局は、盗んだ蒲焼を隠していた倉庫から窃盗犯の後をつけ、輸入業者の合図で警察官が窃盗犯を逮捕しました。犯人はブルックリンに住む30～50才代の中国人３人で、全員刑事犯として検挙され、パスポートを取り上げられました。警察は、犯行に使われたトラックから２００カートンを、倉庫から７４５カートンを回収しました。

　中国は、ウナギ製品の対米輸出を近年加速させ、２０１１年には２５０トン、３６０万ドル、２０１２年１４４０トン、３６４０万ドル、２０１３年１１００トン、２６００万ドル、２０１４年１７５０トン、３２００万ドル、そして２０１５年はなんと４７００トン、５８６０万ドルを記録しました。

　日本からのウナギ製品対米輸出は、２０１１年に2・5トン、７万６０００ドル、２０１２年32トン、２８４万４０００ドル、２０１３年１０６トン、77万ドル、２０１４年40トン、38万３０００ドル、２０１５年70トン、54万８０００ドルと足元にも及びません。

そしてこの中国産ウナギ製品のほとんどが、米国内で販売されている寿司に使われているのです。自国でもウナギ資源を持つ米国の一部業者はこの巨大市場に気が付き、国内でウナギの養殖事業を開始しようとしています。

（２０１６・８・28）

(19) 香港シーフード・ショー

２０１６年９月６〜８日に香港でシーフード・エキスポ・アジアが開催されました。主催者のDiversified Groupが世界中で開催するシーフード・ショーの中では一番規模が小さいショーです。22の海外パビリオンを含む29か国から240社が出展しました。今回初めてポルトガル、ポーランド、ロシアが出展しました。多くの出展者が昨年より小規模になったという印象を受けていましたが、やはり昨年の出展社数２４５を下回りました。

今回の来場者数はまだ未公表ですが、前回は８７００人でした。開催日３日間を通じて一時強く降る雨模様と天気には恵まれませんでしたが、来場者はシンガポール、マレーシア、ベトナムなど東南アジアを中心として、インドやオーストラリア、ノルウェー、韓国、台湾、日本、中国など、開催地香港を含め、かなり多くの国々からの来場者がありました。

目立った展示品としては、殻付きの生食用牡蠣で、カナダ、アメリカ、ニュージーランド、タスマニア、アイルランド、フランス、ポルトガル、アラブ首長国連邦、オランダ、韓国、日本からの出展社が競って試食を勧めていました。

数週間前に開催された東京のシーフード・ショーにも出展したアメリカ・インディアン・フーズではタラバガニの人気が高く、最終的に１１００万ドルの活タラバガニの商談が成立したようです。同団体は、北極圏で漁獲される最北端のサケとオヒョウや、アリューシャン列島のアダック島で陸揚げさる活タラバガニのセミナーと地元セレブリティ・シェフによる調理実演と試食会を会場内で行いました。

また同団体のブースでは、連日閉会一時間前に、ブース内でのレセプションを開き、会場内で唯一、ワインやビールを飲みながらアラスカ産シーフードを試食してビジネスに繋げる活動を展開しました。

この間、海外の報道関係の動向を観察してみると、シーフード・ショー東京に関する記事は1件だけでした。シーフード・エキスポ・アジアの主催者は、報道部門を活用していますが、他のＥＵ・北米関係の報道もシーフード・ショー東京に関する報道は皆無でした。

（２０１6・9・11）

(20) オレゴン州のすし店がＭＳＣ認証

米国オレゴン州ポートランド市に本社を置く「バンブー・スシ」社が、環境に配慮した地産地消の高まる運動に乗り、ＭＳＣ（海洋管理協議会）の協力のもとに新たな手法でサステナビリティに取り組んでいます。「サステナビリティ認証を持つ世界初のスシ・レストラン」と自負する「バンブー・スシ」社は、持続可能な水産物を提供するレストランを求める消費者の需要に対応して急速に成長しているのです。

同社の成功の秘訣は、持続可能な事業形態です。同社レストラン全店で提供するビンチョウ全量は、ＭＳＣ認証を受けたオレゴン州の水産業から調達することであり、同社のレストランもＭＳＣの認証を受けているのです。同社はオレゴン州ポートランド市に5店舗とコロラド州デンバーに新店舗1店があり、ワシントン州シアトルに1店舗を近日中に開店予定で、その他地域にも出店を計画しています。事業開始時２００８年のビンチョウ調達量２５００ポンド（１１３４キ

⑨ＭＳＣのロゴマーク

ロ）と比べて、現在では全店舗の需要に対応するために1万２０００ポンド（５４４３キロ）を買い付けています。同社は、持続可能な水産物が経営の焦点であり、新年に向けた牽引力と重要性であると考えています。同社は報道発表で、「持続性の実行が、今日の流れであり、着実に進行している。10年前の僅か0・5パーセントと比べて、持続可能な水産物は世界的な生産量の14パーセントになっている。」と述べています。「この急速な拡大は、過去数十年の漁業管理不備による否定的な反響に消費者が目覚め、事業収益と同様に、地球環境に優しい次世代の波に乗る事業が重要であることを消費者が受け入れているのである」と伝えています。

(21) F3フィッシュフリー・チャレンジとは

水産養殖餌料の未来を指すＦ３フィッシュフリー・チャレンジ（The F3 Fish-Free Challenge）という組織が、グローバル・フィッシュフリー・フィード・テクノロジー・コンテストで8つの多国籍チームの参加を承認しました。タイ、インドネシア、中国、南アフリカ、オーストラリア、パキスタン、ミャンマー、オランダ、ベルギー、およびアメリカからのチームが、養殖産業用に魚類未使用の飼料（フィッシュフリー・フィード）を開発する多段階コンテストの第一ステージである販売報告コンテストに進みます。

フィッシュフリー・フィード・チャレンジは、養殖魚飼料の革新的な代替成分の供給を奨励すると共に、養殖業界の持続可能性を改善して、天然魚に対する漁獲圧力を低減することを目的に、クラウドファンディングのHeroXが２０１５年に立ち上げました。魚粉・魚油未使用で、価格競争力と実効性のある養殖魚用飼料の開発と販売の促進を目標にしているこのコンテストでは、10万トンの魚粉・魚油未使用の養殖飼料を最初に製造・販売した会社に20万ドル以上の賞金が与えられます。２０３５年までに天然魚の漁獲は今日より25％少なくなり、養殖魚においても、飼料用の魚粉を含む重要な制約を乗り越えなければならない、と国連食糧農業機関（ＦＡＯ）が報告しています。ＦＡＯの推定では、毎年１８００万トンの天然魚が魚粉・魚油の製造に使われています。

（２０１６・11・29）

(22) ＩＵＵ水産物の対米輸出は注意を

12月８日、米国海洋漁業局が、水産物輸入モニタリング・プログラム（Seafood Import

Monitoring Program (SIMP)）の最終規則を公表しました。このプログラムは、特定水産物の輸入に対して、ＩＵＵ（違法・無報告・無規制）によって漁獲された魚や偽装魚種が、米国市場に流通するのを防止するための報告と記録保持を制定しています。このプログラムは、同時に米国経済、世界規模の食料安全保障、および海洋資源の保護を目的としています。

第一段階は、ＩＵＵ漁業や偽装魚種に対して、とりわけ脆弱であると特定された輸入魚や水産物のリストに関する危機管理に基づいたトレーサビリティ（追跡可能性）プログラムであり、漁獲されてから米国市場へ搬入されるまでのデータの記録と報告を輸入業者に求めています。

特定魚種は、アワビ、大西洋タラ、大西洋ブルークラブ、シイラ、ハタ、タラバガニ、太平洋タラ、ヘダイ、ナマコ、サメ、エビ、メカジキ、ビンチョウ、メバチマグロ、メバチマグロ、カツオ、キハダマグロ、およびクロマグロです。この規則は、２０１８年１月１日に施行されるのですが、エビとアワビについては、天然・養殖を問わず、米国内で養殖される両魚種の報告・記録保持規則が確定するまで除外されます。カジキ、ビンチョウ、マグロの対米輸出には注意が必要です。

ロイターなどの報道によると、次期米国大統領のドナルド・トランプをテーマとするシーフード・レストランがイラン北部の都市ドホークで今月はじめに開店しました。店名は「トランプ・フィッシュ」で、かなりの宣伝効果と売り上げが期待されています。オーナーのNedyar Zawiti氏はトランプ次期大統領に憧れていて、「トランプの性格と方針が大好きだ。彼の流儀は私の流儀に近似している。人間としてもビジネスマンとしても彼を好ましく思っている。」とロイターへ伝えています。

Zawiti氏は、また、トランプはクルド人を助けると約束してくれた、トランプという名前はクルド人に愛されている、とも語っています。彼のシーフード・レストランは、マスグーフという一品目のみを提供します。クルド人の国民食であるマスグーフは、地元の川で養殖された鯉を直火で焼き、オリーブ・オイル、コショウ、レモンとスパイスで味付けします。

（2016・12・20）

(23) ミレニアル世代向けのマーケティングは重要

1980～2000年代に生まれた米国人ミレニアル世代の漁業者と水産物販売業者が、

昨年11月にワシントン州シアトルで開催されたパシフィック・マリン・エキスポ会場で水産物のマーケティングについての公開討論会が行われた。アラスカ州ブリストル湾地区水産物開発協会のベッキー・マルテロ専務理事が、ミレニアル世代消費者へのベニザケ販売増をめざしてコロラド州ボルダー市で立ち上げた実例を公表した。

それによると、ミレニアル世代の消費者には、マーケティングと販売努力において新しい傾向が求められている。同協会は、ベニザケや漁獲された場所の逸話を伝え、高品質な商品を購入しているという意識と知識を消費者へ提供している。これは「より充実した人生を送る努力をしている」ミレニアル世代の心情の糧になるそうである。ミレニアル世代の消費者は、家で料理を作り、自分で買って食べる食品を楽しんでいるのである。

彼らは食品についてより深い関心を抱き、彼らが食べる食品とのより有意義な関係を求めていて、且つ、その情報を家族や友人たちと共有しているのである。ミレニアル世代はまた、食品をインターネットで購入することに抵抗がない。同協会は、そのために、充実して活気溢れたコンテンツを常に更新して提供している。ミレニアル世代には、数多くの異なった情報が、様々な方向から届けられている。その中で、自分たちの主張をはっきりと、より大胆に伝えなければならない、とマルテロ専務理事は伝えている。

ミレニアル世代向けには、マーケティングにおいてＳＮＳも重要な手段である。動画や写真を使って自分たちの情報を提供するには、ＳＮＳが一番簡単な手段であり、ミレニアル世代の消費者が求めているのが食品会社との繋がりなのである。彼らは、一般食品店から離れて、専門店を好んで利用している。ミレニアル世代の消費者は、収入が低く家も帰ないが、週に一度はオヒョウのような高額魚を週末に友人たちと楽しむのである。一世代前の消費者は、食品に対して簡便性を求めたが、ミレニアル世代にとって、食事は行事であり、楽しむものなのである。

水産加工会社と社員に関する身の上話、レストランでの特別行事、地域密着型の流通などで、消費者の仲間内意識を誘うのである。ミレニアル世代消費者はまた、小規模の専門小売店を好んで利用し、その事業の後押しをすることに喜びを感じるのである。

(24) 持続可能なマグロ漁業は気候に悪影響？

ある環境保護団体の調査によると、海洋環境に良いとされる漁業が、気候には悪影響を及ぼしている恐れがある。単一魚種を漁獲する漁船は、漁場にいる魚を一括して漁獲する漁船よりも燃料を多く消費するというのである。カリフォルニア大学の大学院生Brandi McKuinによれば、モントレーベイ水族館のシーフードウォッチなどのエコラベルは、持続可能な漁業の支援に貢献してきたが、漁業資源の保護や混獲の削減に対して焦点を当ててきた。

しかしながら、漁法の違いによる温室効果ガス排出の影響を軽視してきた、というのである。同大学院性によれば、様々な研究結果や、調査報告書、漁獲データベースを統合すると、引き縄、一本釣り、延縄漁業など、より資源の持続が可能といわれている漁法は、大型の旋網漁業より3倍から4倍の燃油を消費しているのである。

すなわち旋網漁業は、効率が良く、短期間でより多くの魚を漁獲できるが、選択的な漁業と比べて一網打尽の漁業は持続可能性が低くなる。アメリカのマグロ漁業は１９９０年代に旋網を停止したが、25年前と比べておよそ3倍の燃料を現在消費しているのである。

（２０１７・１・23）

(25) 米国であん肝人気に！

アンコウは欧米でも以前から食されていますが、あん肝も食されているようです。アメリカ水産業界紙が最近、あん肝の料理を紹介しました。サンフランシスコのレストランIzakaya Sozaiでは主菜として、蒸したあん肝を四角のパテーにして、白と黒のトリュフ塩、苺、クロスティーニ（薄切りの小型トースト）、少量のバルサミコシロップで風味を高めたメニューを提供しています。ニューヨークのIvan Ramenでは、アンキモ・ダーティー・ライスが人気を博しているそうです。

ダーティー・ライスとはアメリカ南部ルイジアナ州の伝統的なケイジャン料理で、炊き込みご飯です。刻んで炒めたあん肝が、フォアグラのよう

⑩米国産あん肝製品

（写真提供：ジーエフシー株式会社）

に魅力的で、あっさりとした口どけになります。ニューヨークの情報雑誌タイムアウトは、「あん肝を炒ることで、濃厚な魚の味を引き出し、レモンのしぼり汁で香りを整えると、実に素晴らしい味を引き出している」と称賛しています。シカゴの注目フレンチ・ベトナム・レストラン Le Colonial では、Ca Bam Xuc' Banh Trang が人気です。メニューでは前菜ですが、軽めの主菜にもなります。

(26) 米国、漁業規制の廃止で混乱も

新たな規制一件に対して既存の規制二件を廃止するという、トランプ大統領の大統領令が、米国水産業を管理する海洋漁業局にも影響を及ぼすことになる、と米国漁業界と民主党下院議員たちが伝えている。下院天然資源委員会がトランプ大統領に提出した書簡によれば、トランプ政権へ例外措置を請求しないと、連邦政府管轄海域における商業漁業と遊漁の禁漁・解禁、資源保護・管理対策にまつわる漁期解禁中の調整、新規・改定漁業管理計画などを海洋漁業局が執行できなくなるのである。

大西洋クロマグロの漁獲枠再配分日程がすでに遅延しているし、アラスカのオヒョウと

ギンダラの漁解禁ができなくなる可能性があり、「漁業管理において、規制二件を毎回廃止すると、とんでもない混乱状態に陥る。漁業者や沿岸経済が、このような因果関係に貶められるべきではない」とハフマン下院銀が報道陣に表明している。アラスカ延縄漁業者協会（Alaska Longline Fishermen's Association）やメイン州沿岸漁業者協会（Maine Coast Fishermen's Association）など、複数の漁業団体も大統領令に対する反対を表明している。

メイン州沿岸漁業者協会の専務理事は、「我々は、より賢明で率直な規制を求めていて、目標を定めた作戦を通じて実行されなければならない。管理規則変更のために規制二件を廃止することは、経済効果が悪く、より複雑になる。課題の解決にならず、この大統領令は我が国の複雑な作業の妨げとなり、より複雑化させることになる。」と伝えている。

（2017・2・13）

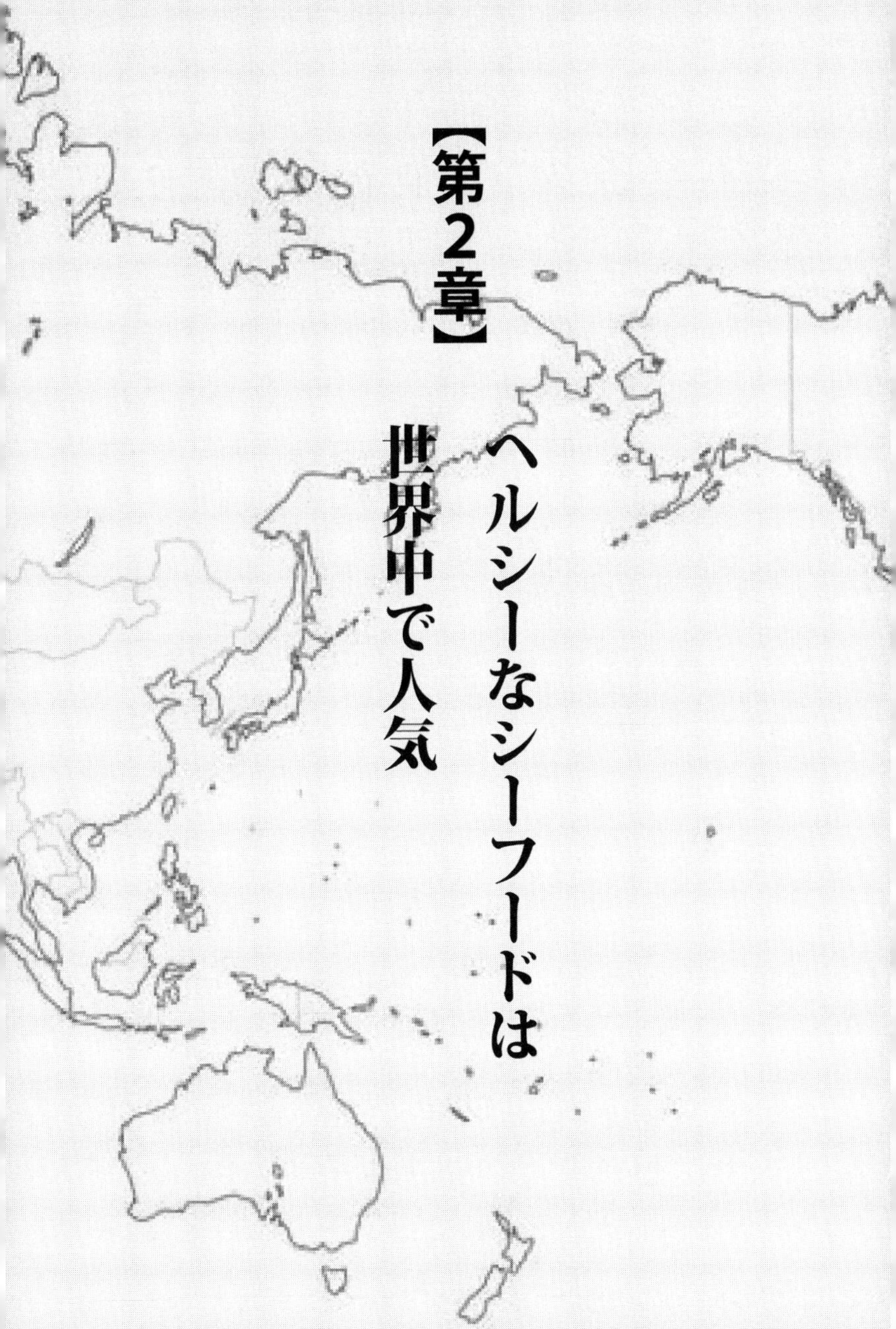

【第2章】

ヘルシーなシーフードは世界中で人気

(27) マック店、限定メニューでズワイガニ・サンド

サンフランシスコのマクドナルド4店舗が、地域限定メニューとしてズワイガニ・サンドイッチの試験販売を開始、とマーキュリー・ニュースが報道しました。ファーストフード・チェーンとしては、初のメニューのようで、ズワイガニと刻みセロリを味付けしたマヨネーズで和え、スライス・トマトとコスレタスを、トーストしてハーブ・バターを塗ったバンズで挟みます。このサンドイッチをマクドナルドのために開発したのは、レストランのオーナーであり、テレビやラジオでも活躍しているサンフランシスコの有名シェフ、ライアン・スコットです。

マクドナルドの地域限定商品は、全米各地で開発する高額メニューで、ペスト・モザレラ・メルト（ペスト・クリームチーズ、ホウレンソウとケール、スライス・トマトとスライス・モザレラ・チーズ）は一個4・99ドルで南カリフォルニア限定の販売、ブラートヴルスト・ホットドッグ（ジョンソンビル社のソーセージ、ケチャップ、マスタード）はウィスコンシン州内限定で販促期間中は2個5ドルで販売されています。ズワイガニ・サンドイッチが消費者に受け入れられれば、サンフランシスコの250全店舗で今年後半から販

売されます。単価は8.99ドルです。

米国大手スーパーマーケット・チェーンのウォルマートが、グローバルシーフード持続可能性イニシアチブ（Global Seafood Sustainability Initiative: GSSI）を支持して、同社の水産物調達方針をＧＳＳＩと同調する最新の小売店になった、とアンダーカレントなど複数の業界紙が報道しました。同社は、これでＧＳＳＩの基準を満たしたエコラベルの認証を受けた水産物を調達することになります。

「２０２５年までに価格、供給可能性、品質、顧客需要、およびわが社独自の一律環境規定に基づき、米国ウォルマート、サムズ・クラブ、ＡＳＤＡ、ウォルマート・カナダ、ウォルマート・ブラジル、ウォルマート・メキシコ、およびウォルマート・中央アメリカは、鮮魚、冷凍魚、養殖及び天然魚の供給業者に対して、海洋管理協議会（Marine Stewardship Council: MSC）、またはベスト水産養殖事業（Best Aquaculture Practices: BAP）など第三者が持続性を認証、または国連食糧農業機関（ＦＡＯ）ガイドライン１に準拠する認証プログラムでＧＳＳＩなどの組織が承認した漁業からの供給を求めることになります。

養殖水産物の供給に対しては、最終加工場、養殖場、孵化場、飼料工場を含むサプライチェーン全体を通じて持続可能な生産と調達先の確証を求めることになる」、と同社ウェブページの小売店方針とガイドラインのシーフード・セクション〈http://corporate.walmart.com/policies〉で伝えています。昨年6月には、米国最大食料品チェーンのクローガー社が、２０２０年を目標にした水産物調達方針でＧＳＳＩのスキームを支持しました。その時点で、クローガー社は、全水産物の90％をMSC 認証の漁業、またはＧＳＳＩが承認したその他のプログラムから調達すると表明しています。（２０１７・３・５）

(28) 次のトレンドは水産缶詰？

次のレストラン・トレンドは、水産缶詰。３月19～21日にボストンで開催されたシーフード・エキスポ・ノースアメリカの基調講演で、リック・ムーネン氏が語った次のレストラン・トレンドは水産缶詰の利用です。

ムーネン氏は、持続性ある漁業の支持者で、ラスベガスのレストラン「ＲＭシーフード」のオーナーであり、水産缶詰の利用試験を最近開始しました。講演会に臨んだムーネン氏と、他のレストラン・オーナーが共に語ったのは、消費者が持続性ある水産物を受け入れるうえでの最大の障壁は高価格であり、持続性ある水産物についてのメッセージを伝える優れた手段を探し出す必要がある、ということです。例えば、イワシはすべてのタンパク質と栄養素を持ち、環境にも優れています。ムーネン氏の希望は、釣り餌と称される魚の栄養、経済性、持続性を認識して、より多くのアメリカ人が、食物連鎖の底辺にある魚を食することです。ロシアンパンケーキに添えられたキャビアに高額を支払う人がいるけれども、一缶３ドルのイワシを使って人々を惹きつけられないのだろうか、とムーネン氏は考えています。

水産缶詰を利用しているのは、ＲＭシーフードが最初ではありません。ロンドンのソーホー地区にあるティンキャンは２０１４年にオープンして、英国内で悪名をはせました。このレストランは、ポルトガル産のオリーブオイル漬けサバ、アイスランド産タラの肝臓燻製、スペイン・ガリシアのウニなど、缶詰の水産物だけを提供しました。ニューヨーク・シティーでは、メイデン・レーンが、アンチョビー、タコ、ムール貝、カキ、ザルガイなど38種の缶詰水産物をメニューに入れています。

⑪米国のツナ缶（スターキット）

(29) 中国から米国へ低質イカが輸出

ここ数年、日本近海のイカ漁が低調で、日本国内の加工業界は原料確保に苦労していますが、アンダーカレント誌の分析では、30％の価格高騰にもかかわらず、米国による中国加工のイカ輸入が過去最大となっています。確かに、先週ボストン滞在中に行ったレストランのシーフード・レストランではイカ料理が必ずメニューに記載されていました。昨年12月の中国加工ロリーゴ種の輸入価格は、２０１５年同月と比べて28・４％上昇してトン当たり６０２０ドルでした。アルゼンチンのイレックス種など重要魚種の水揚げ低迷で、他のイカ類の価格も同様に上昇しました。

２０１６年の中国加工の輸入量は３万８０２８トンで、前年より11％増加しました。然しながら、業界筋の報告によれば、価格の上昇とは裏腹に、品質は悪化しています。過去40年にわたって中国・米国間の貿易に関わってきた輸入業者筋によれば、米国が輸入したイカの品質は低下しているのです。

良質のイカは、常に中国市場に流れ、低品質のイカが米国に輸出されるのです。なぜなら、北米市場が現在の高価格を受け入れないからだ、というのです。中国の最大手イカ加工業社によると、昨年の対米輸出は実質内容量が50～70％で、販売した製品の30～50％は水分だった、と証言しています。
（２０１７・３・２６）

(30) 初の魚由来美顔パック

２０１７年エイプリール・フールの嘘、一位は魚の美顔クリーム（Fishy facial creams）。シーフードソースのインターネット版によると、欧米の水産業界人はユーモアがあり、２０１６年には、ネスレ日本がシーフード・キャンディーを販売する、との冗談が消費者の間に広まった。

別の冗談は、英国グリムズビーを拠点とするヤングズ・シーフード社が、猫のための高級シーフード・レストランを開店するとか、同じく英国サインスベリ―のソーシー・フィッシュ社がトラウト・パウト（たらこ唇）・リップスティックを新発売、などがあった。今年は４月１日が土曜日だったために、業界人はいつもより静かだったが、それでも大手数社は消費者を楽しませた。ソーシー・フィッシュ社は、ソーシー・フェイスのブランドで初の魚由来美顔パックの販売促進用偽ビデオを公表した。

「ソーシー社の魚をオーブンに入れてから皿への盛り付けまでの30分の有効活用として、最低の努力で最高の結果を求める人にはフィッシュフェイス・パックが理想的な解決策です。冷凍食品コーナー限定で販売されるこの商品は、黒ずんだ毛穴に最適なウナギのイール・ア・ピール（Eel a-Peel）救済マスク、乾燥肌に夢のようなオー・マイ・コッド（Cod）オメガ泥マスク、しつこい毛穴に効果抜群のサーモン・スラップ・マスクなどの製品があります。本物のサーモン、タラ、ウナギなどのフィレ―から作られたフィッシュ・フェイス製品は、肌をしなやかにして保湿効果を高める栄養分を多く含んでいます。」などとさりげなく語りました。

（31）魚油未使用の養殖餌料を実証試験

魚粉・魚油未使用の養殖飼料開発コンテストを行うF３チャレンジについて、前項でお伝えしましたが、そこで開発された餌をいよいよ養殖業者が給餌実験をすることになった、とシーフードソースのインターネット版が伝えています。

マリン・ハーベスト、アルファ・フィード、広東号海飼料集団、そして日本の株式会社ダイニチが、F3(Fish-Free Feed) チャレンジで開発された魚粉・魚油未使用飼料の給餌実験を表明しました。米国カリフォルニアのモントレー・ベイ水族館、ニューイングランド水族館、アリゾナ大学、ワールド・バンクの支援とクラウド・ファンドによる資金支援を活用して、養殖飼料業界による開発を促すのがＦ３チャレンジ・コンテストです。

２０１７年9月15日までに海洋生物のミールや油を使わない養殖飼料10万トンの製造販売を行った最初のチームに最優秀賞20万ドルが与えられます。

アトランティック・サーモン生産の最大業者であるマリン・ハーベストは、自社施設で給餌実験と50時間の研究者の時間を提供します。ダイニチは、経済的により効果的な養殖飼料への転換において魚類蛋白未使用の養殖飼料をテス

⑫サケの養殖用のモイスペレット餌料

（出典は一覧表に記載）

トしたいと伝えました。中国企業のアルファ・フィードと広東号海飼料集団は、餌の消化率と成長について実験を行うことを表明しました。

また、同社は共同声明で、環境保護と資源が減少している天然魚を保護するために、魚粉・魚油未使用飼料の必要性を強調するために給餌実験を行うと表明しました。

（2017・4・5）

(32) クロマグロ養殖用に大豆由来飼料が有望

世界中で最も求められている魚の一つがマグロで、様々なマグロ魚種が完全利用、或は過剰漁獲されていて、特に南大西洋クロマグロは絶滅危惧種と認識されています。持続可能なマグロ養殖の主な障壁は、育成時期に与える餌として大量の天然魚が必要なことです。

3月6〜7日にメキシコ・エンセナダで開催された沖合養殖会議で発表された最新の配合飼料研究結果によれば、完全な封鎖式養殖システムでマグロを出荷サイズまで育成することがより現実味を増してきた、とシーフード・ニュースが報道しました。封鎖式養殖システムにおけるマグロの種苗生産技術は、過去十年の間に大きく発展したが、現在の養殖マグロ事業の大部分は、捕獲した天然の幼魚を洋上生簀内で出荷サイズまで飼育しています。

スペインで行われた大西洋クロマグロの幼魚と、パナマの陸上施設のキハダマグロ幼魚について実施された飼料研究について、イクタス・アンリミテッド社のアレハンドロ・ブエンテヨ博士が大豆を主原料とした様々な飼育調査結果を公表しました。この調査結果を基にして、メキシコ北西部の洋上生簀で太平洋クロマグロの飼育がおこなわれました。

クロマグロは、通常天然のイワシを給餌して、その飼料要求率は28対1です。新しい配合飼料では、飼料要求率が4対1となり、魚粉や魚油の量を10分の1に削減しました。この配合飼料は、水面に浮いている餌を監視でき、マグロが食べ残した餌を回収できることから海洋環境対策にも優れています。滋養分が凝縮された餌は、給餌量を削減でき、生餌より二倍の経済効果が期待されています。この研究には、米国イリノイ州大豆協会が、資金を提供しました。アーチャー・ダニエルズ・ミッドランド、タイ

⑬メキシコのマグロの養殖場は生エサを与える
（出典は一覧表に記載）

ソン、オメガ・プロテイン、ミッドウェスト・アグ・エンタープライズ、クリル・カナダなどの企業が、原料の提供などでこの研究に協力しました。

（2017・4・12）

(33) 新規証明書「抗生物質未使用飼育」

様々な牡蠣の増殖が、やがて消費者を混乱に陥れるのか。アンダーカレントの報道によると、近年の米国オイスター市場が変化している。かつては、むき身を加熱調理して提供されていたのだが、生食用オイスターを提供するロー・バー（raw bar）の増加でハーフシェルによる生食消費が増えている。

「オイスター市場全体が現在のトレンドであり、ワインやビールとの組み合わせが多数存在し、その増加と共にオイスターが人気となっている」とボストンの卸売業者パンゲア・シェルフィッシュ（Pangea Shellfish）が伝えている。オイスター需要の高まりを受けてオイスターの養殖場も増加している。成長する水質により、各々のオイスターは独特な様相と風味があり、新たに供給されるオイスターは想像力に富んだ名前が付けられている。オイスターの微妙な違いに着目して、益々ワインや地ビールのように消費されているのだが、様々な種類や産地がこのまま増え続けると、やがて消費者を混乱させることになるのでは、と危惧する人々もいる。「様々な名前のオイスターで飽和状態がみられる。いずれ、消費者がこれ以上ついていけない状況になるだろう」、とオイスター・ブログ（In a Half Shell）を立ち上げたジュリー・オイウは語る。

オイスターの養殖に参入する人が増え、新しいオイスターを売り込んでいるが、創造的な名前が増え続けると消費者がついていけなくなることが案じられる。これまでは一般的な名前を付けられていたが、新規参入の養殖場ほど差別化して、消費者の目を引く名前を付けているが、その限界もみられる。東海岸貝類生産業者協会のロバート・リオールトの意見は異なっていて、様々な味わいや名前が著しく増えているワインや地ビールにオイスターをなぞらえている。米国東海岸のオイスター生産は過去5年で倍増しているが、価格は下落するどころか僅かではあるが着実に上昇している。

米国ミシガン州のＮＳＦインターナショナルが、肉類、鶏肉、魚類、その他の動物製品に対する独自の抗生物質

⑭新規証明書
「抗生物質未使用飼育」

未使用飼育認証を公表した。この認証は、独自の検証を行う、すべての動物性食品を網羅する唯一の「抗生物質未使用飼育」認証である、と同社がシーフード・ソース紙に伝えた。ＮＳＦは、新たな認証について様々な業界の企業と交渉しているが、現在認証を受けているのはタイの大手ベタグロ・グループが供給する鶏肉だけである。ＮＳＦが行った２０１６年の調査によれば、消費者の59％が抗生物質を使わずに飼育された動物製品を選択するが、これまでは独立した、透明性のある認証手順が存在せず、消費者は販売業者の言い分を検証することは不可能だった、とＮＳＦは声明で伝えている。

（２０１７・５・６）

(34) カッパー・リバー産のサケの初売りは大人気

アラスカ州のサケ漁が解禁となり、カッパー・リバーのキングサーモン第一便がコルドバからアンカレッジに到着しました。アラスカの地ビール会社２社とアラスカ・エアラインがこの第一便を祝うイベントを開催し、同州選出の上院議員リサ・マルコウスキも参加しました。シアトルには5月19日に到着し、シータック・エアポートから地元テレビ局が、その到着を生中継しました。

飛行機から女性パイロットが10キロほどのキングサーモンを抱えてタラップから降り、シアトルの著名シェフ３名がレッド・カーペットの上に迎えました。カッパー・リバーのキングサーモンやベニサケは脂肪分が多く、米国内でも人気があり、特に第一便の出荷は、築地のマグロ初競り以上の人気です。かつては日本の商社が商品価値を見出したカッパー・リバー産のサケですが、その市場は完全に米国内に移ってしまいました。

現在のシアトルにおける一般的なアラスカ産キングサーモンの小売価格は1ポンド当たり17・99ドル（およそ４５００円／Kg）ですが、カッパー・リバーのキングサーモンは1ポンド当たり34ドル（およそ８５００円／グラム）で、ベニサケは23・99ドル（６０００円／Kg）の高値で販売されています。

⑮アラスカシーフードショウの代表はサーモン
（アラスカシーフードショウマーケティング協会のHPより）

（35）養殖魚用トレーサビリティは「シンパ」に

養殖魚用トレーサビリティの新技術。バーコードによるトレーサビリティ技術を開発する米国ワシントン州のダイナミック・システム社が、水産加工工場向けに製品の取り扱い、商品表示、流通経路を正確、且つ効率的に行うソフトウエアの販売を開始しました。シーフード・ソース紙によると、シンバ（Specialized Inventory Management with Barcode Accuracy を略して SIMBA）と名付けられたこのソフトは、水産物の加工、梱包、商品表示において正確な情報を記録する煩わしさの解決に役立つそうです。

養殖業者や関連業者は、タブレットとタッチスクリーン技術を使ってこのシステムにアクセスできます。汎用性が高く、加工業者は自動スキャンを行うことで、労働力と経費を節減し、瞬時の報告を強化できるそうです。トーツやカートンにラベルを添付すると、その製品の情報がコンピューターの在庫に記録されるので、販売員や経営陣は製品の詳細と共に、その時点での正確な在庫記録を入手できるのです。商品の発送時には、各カートンやパレットをトラックやコンテナに積載するたびに、追跡情報と作業指示書や販売注文にその情報を記録します。運送状も自動的に作成されます。

この特徴を利用すれば、発送工程の時間短縮になるだけではなく、実際に発送した貨物に関する顧客との論争も回避できます。このシステムで、加工業者や養殖業者は、瞬時に正確な生産記録、完璧なトレーサビリティの強化、リアルタイムの在庫情報、カートンやパレットの表示作成が向上でき、コンテナへの積載がより容易になるそうです。

（２０１７・５・21）

㊱ シラスウナギ漁の先駆者が大規模違法取引容疑に

米国メイン州シラスウナギ漁の先駆者が大規模違法取引容疑。ＬＡタイムス紙によると、近年のメイン州ウナギ漁の創始者ウイリアム・シェルドンがシラスウナギの違法取引容疑で起訴された。起訴状によると、シェルドンはニュージャージー、マサチューセッツ、ヴァージニア、ノースカロライナ州から違法操業と思われるシラスウナギを買い付けて、その購入記録を偽装した。彼は、連邦政府のおとり捜査官から違法のシラスウナギを買い付けた事件でも告発されている。有罪が宣告されれば、彼は最長35年の刑を言い渡されるかもしれない。

大学卒業後、１９７０年代にメイン州海洋資源部に勤務していたシェルドンに、同州のシラスウナギの供給に関する手紙が東京から届いた。上司の指示で調査を開始し、シラスウナギの漁獲方法に関する一連の記事を書き、本も書いた。その後、彼は州政府を退職して、独自の仕事を始めた。その頃は、アジアへの輸送においてシラスウナギの死亡率が高く、価格も今日ほど高額ではなかった。ロブスター漁を始めたがうまくいかず、シラスウナギを獲ることになった。

共同事業者と共に、1月に始まるフロリダ州で漁獲を行い、気候が温暖になると海岸線を北上した。自身をジプシー漁師と呼び、モーテルでの宿泊を続けた。その頃は競合相手を刺激しないように密かに行動していたが、価格の上昇と共に参入者が現れてきた。シラスウナギ漁は、漁船が不要で、洋上の漁のような命の危険もない。必要なのは、何時、どこに網を入れるかという知識である。そのために、低収入の高齢者もシラスウナギ漁に参入してきた。

その後、熱狂的な漁を抑制する目的で政府が規制を始めた。ポンドあたり1200ドル以上という高値で取引され、ウナギの生存を脅かす数百万ドル規模の国際的な密輸産業に発展したため、連邦政府と州政府は大掛かりな犯罪捜査を展開した。昨年からの捜査で、メイン州とサウスカロライナ州で11人が有罪を認め、２人は裁判が待ち受けている。

メイン州とサウスカロライナ州が、免許制のシラスウナギ漁を現在認めている。メイン州では４２５人が免許を持ち、漁獲枠は２０１２年から半減の９６００ポンドである。価格２０１２年のポンドあたり２６００ドルから、今では１１００ドル程度で落ち着いている。それでも、連邦政府当局によれば、違法漁獲のシラスウナギが連邦政府の規制を逃れて別の州からメイン州に持ち込まれているのである。

ところでメイン州では、州立大学の協力を得て循環封鎖式のウナギ養殖が始まり、生育は順調で、生存率も良好との報告が入っています。今年の秋ごろには販売サイズになると期待されています。この養殖業者の計画では、今年中にミシガン州で商業ベースの養殖場を建設して本格的なウナギ養殖を開始する予定です。


（２０１７・６・４）

(37) 香港の旬の魚シャド

北京語では鰣魚、広東語で三来（発音はサムライ）と呼ばれるニシン科の魚で、中国では夏が旬と言われています。旬の魚について、広東のことわざでは、春には鯛、秋は鯉、夏はシャド、というそうです。香港エコノミックジャーナル（信報財經新聞）が、初夏の魚としてシャドを賢い選択して進めています。

シャドは、4~5月に揚子江と珠江の河口に産卵のために集まってきます。身は脂があり、美味であるばかりでなく、滋養にも富んでいます。広東省仏山市順徳区では、初夏にシャドの群来でかつては有名でしたが、環境汚染や獲り過ぎのために天然魚の漁獲は現在難しいそうです。そのため、レストランで提供されているシャドは現在、殆どインドネシア、ベトナム、マレーシアからの輸入品ですが、順徳では養殖に成功し、1斤あたり200米ドル相当の価格で販売しているそうです。

料理法には、技術が必要だそうですが、脂肪分の独特な香りを逃さないように、うろこを取らずに調理することがお勧めだそうです。単純に塩水で茹でる方法や、食用油と塩を魚にまぶし、すりおろした生姜と共に蒸す料理など、いくつかの調理法があるそうです。この記事の筆者は、シャドの味との相性が良い豆鼓醤と苦瓜の煮つけがお好みのようです。中国史で著名な詩人蘇軾がシャドを賞賛しています。近代の作家で最も影響力のあった張愛玲は、彼女の生涯において落胆したことの一つが、シャドは骨が多すぎることだそうです。

(38) メイン州シラスウナギ漁水揚高好調

今年のメイン州シラスウナギ漁水揚げ額1200万ドル。メイン州地元紙バンゴー・デイリー・ニュースによると、２週間前に終了した今期シラスウナギ漁で、同州の漁業者は1200万ドル以上の水揚げ額を上げたが、これは1994年以来、四番目の高額であった。今シーズンは、二週間前に9282ポンド（およそ4200キロ）で終了したが、同州海洋資源省の発表によれば、州全域の漁獲枠を334ポンド（151キロ）下回った。

メイン州では、他のどの州よりもウナギを漁獲するが、シラスウナギの年間漁獲枠は9616ポンド（4361・7キロ）で、州法で満枠になった時点か、6月7日に漁期終了となる。メイン州のシラスウナギ漁業者およそ1000人は今年、ポンドあたり平均で1300ドル強の収入があり、過去6年で1・000ドルを上回ったのは5回目であった。最高平均単価は2015年で、ポンドあたり2100ドルまで上昇したが、寒気が原因で州全体の捕獲量は5200ポンド（2358キロ）だった。同州の統計によれば、1200万ドルの水揚げ額は1994年以来、4番目の高水揚げ額だった。

最高記録は2012年の4030万ドルだった。世界的な需要供給の変化で、同州の価格がポンドあたり185ドルから900ドル近くまで跳ね上がった2011年以来、シラスウナギ漁は、同州で最も高額な漁業の一つになった。およそ2000尾で1ポンドとなるシラスウナギは、生きたまま東アジアへ搬送され、養殖池で飼育されてから、その地域の市場向けに収穫される。メイン州最大の漁業はロブスターで、昨年の水揚げ額は5億3300万ドルだった。

（2017・6・25）

(39) 世界の水産資源を貪る中国漁業の海外の進出

中国漁業の海外進出が著しく。豊富な資金力を駆使してアフリカや南米にまで資源を求めています。手厚い助成金の支援を受けて有力中国漁業企業がアフリカで漁獲物を水揚げ。シーフードソースの記事によれば、遠洋漁業部門に対する中国の国家助成金の規模は、燃料、低金利貸し出し、トレーニング、給与一部助成金などとは比較できないほど大規模である、と海外漁場での操業を推進する政府出資による水産企業中央組織の職員が発言した。

「福建省の船団規模は、三海域、20カ国へと増強している」、と福建省遠洋漁業協会の会長Chen Ze Luanが語った。貨物運賃、融資、労賃への助成金、そして無償のトレーニングや税関手続きの最適化を認めた2014年の省の政策が、この拡大のきっかけとなった。Hong Dong遠洋漁業社が、モーリタニアの水産基地から搬入したタコ、エイ、カレイなど大量の貨物を水揚げした福州馬尾工業団地でChen氏が発言した。

「海外の水産基地に関して、福建省は中国最大である。アフリカ、南米、太平洋諸島国などの港に基地を保有している」Hong Dong社は、2011年にモーリタニアの基地へ1億ドルを投資した。この投資は、年間6000万ドルの歳入をもたらしている。すでに操業中の540隻以外に、福建省は2016年に、2億2340万ドルを投資して127隻の船を建造、或は再整備を行った。同省はまた、公海で漁獲した水産物の増加に対応するためのコールドチェーン施設2件も建設中である。

⑯アルゼンチン沖の違法中国漁船
（アルゼンチン沿岸警備隊公開）

(40) パナマ、中国との国交で漁業トレーニングを獲得

中国は、北京との国交を樹立する国に対して漁業トレーニングの提供で報いている、とシーフードニュースが報道した。今年初めに台湾から中国へ国交を転換したパナマからの代表団が、中国商務部が費用を負担して中国漁業専門学校で毎年開発途上国を対象に行われる夏季トレーニングに参加していたことで明らかになった。パナマの代表団は、70日間のティラピア飼育プログラムに参加していて、このプログラムには、パプアニューギニア、ウガンダ、ガーナを含む12カ国から62の代表団が参加している。開発途上国政府の漁業・養殖職員は、上記プログラムとは別に、水産養殖に関する種苗育成、飼料生産の30日プログラムで中国国内に滞在している。

このプログラムも中国商務部が費用を負担している。このプログラムに参加している他国代表団は、スーダン、南スーダン、ウガンダ、エチオピア、南アフリカ、エジプトである。アジア圏からの参加国は、カンボジア、タイ、サモア、スリランカである。中国が漁業トレーニングを政治的見返りに利用するのは今回が初めてではない。南シナ海の海域における漁業管理について中国との紛争終息で合意した後に、フィリッピン政府職員が今年

中国でトレーニングを受講した。台湾との外交同盟にある国を対象に、中国政府はこの戦略を十年ほど前から駆使している。（２０１７・７・17）

(41) 水産養殖にも動物福祉！

家畜や魚類に対する人道的な飼育方法、取扱い、屠殺方法など水産養殖に関する動物福祉が時として話題になることがあります。化学的な検証が乏しく、経費も掛かるので魚類の福祉には疑問符が付いて回るような気がします。以下のイギリス・テスコ社の養殖魚福祉、人道的取り扱いが今後の主流になるのかもしれません。解体前に電気衝撃装置で魚を瞬時に気絶させるなどは、鮮度保持に有効ですが、同様な理論で生きた魚の神経を殺す作業は一部の欧米人には非人道的と映る恐れがあるかもしれません。

イギリスの最大手スーパーマーケット・チェーンのテスコ（Tesco）がトルコの養殖業者イルナク(Ilnak Aquaculture)とスルサン(Sursan)、並びにアイスランドの加工業者シーチル（Seachill）とファルフィッシュ（Falfish）と協同でスズキとタイの新しい「人道的」屠殺方法を開発した、とアンダーカレントなどのヨーロッパ水産業界紙が報道した。イギリス国内の「動物哀れみ２０１７年小売店技術革新最優秀賞（Compassion's Best Retailer Innovation Award)」を最近受賞したこのプロジェクトで、従来の方法が「人道的な魚の屠殺システム」に取って代わることになる、とテスコのバーニー・ケイ農産物部長が伝えた。このシステムでは、魚を生簀から「人道的」に漁獲船舶へポンプで吸い上げ、電気衝撃装置で魚を気絶させるのである。トルコ最大のスズキとタイの生産者キリク（Kilic）は既にこの方法を試験導入していて、近いうちに１０００トンの生産施設に配備する予定である、とキリクの副社長シナン・キジリタンがアンダーカレント・ニュースへ伝えた。

テスコのホームページでは、人道的な屠殺に関する記載があり、テスコの養殖魚供給業者は他の家畜と同様に動物福祉に関する高度な基準を実践しているという。この動物福祉基準は、イギリス市場に供給する世界規模のサプライチェーンに適用され、テスコの必要条件に加えて、国際獣疫事務局（ＯＩＥ）水生動物衛生規約と養殖業保証基準にも準拠している。養殖業に関するテスコの必要条件は、他のテスコ家畜必要条件と同じ原則に従うと共に、次の条件がある。

○　魚種別に対応する魚種固有の福祉基準、
○　最適な成長と取扱時のストレスを最小限に抑える補助となる水質監視、

◯　通常の行動をする自由度と狭隘な環境を経験しないように、生簀内の養殖尾数を限定する。養殖尾数の適正値を点検するために福祉結果を厳密に監視する。

◯　休閑とバイオセキュリティ

◯　養殖魚輸送時の水質と行動特質の常時監視、及び適切な修正手段

◯　屠殺前の電気衝撃が必須で、福祉報告においてその有効性を監視する。収穫時の魚の福祉を最大限へ高める最も人道的な方策を確保するために、テスコは学者やNGOを含む優れた専門家集団に助言を求めている。その他の福祉対策として、魚の行動、水質、抗生物質の使用、屠殺前電気衝撃の有効性検証がある。

◯　養殖場保証基準の必須条件には、グローバルGAPと養殖管理協議会が含まれる。テスコの養殖部長が、現在のグローバルGAPの水産養殖技術委員会の会長を務めている。

テスコの主要ブランドサーモン、ニジマス、スズキ、タイ、バサ（パンガシウス）、ティラピアは、異なった生産システムにはとらわれず、高度な福祉システムを保持する養殖業者からすべて調達している。

（2017・7・30）

(42) 拡大するミールキットとは

米国のインターネット通販大手アマゾンが、自然食品やオーガニック・フードを中心に販売する大手スーパーマーケット・チェーンのホールフーズの買収を公表したのが6月である。その後、食品業界や消費者団体は、アマゾンの次の一手を待ちわびていたが、7月6日にミールキットのトレードマーク申請をアマゾンが発表した、と報道各社が伝えた。同社が独自に手掛ける「産地から食卓へ」という食材を使ってミールキットの分野へ参入するのである。

美味な食事を求めるが料理の準備をする時間的余裕がない、というアマゾンとホールフーズの顧客双方に有益となる。

これに合わせて、アマゾンは、「準備はわが社、貴方がシェフ」というキャッチフレーズをトレードマークと共に採用した、とテッククランチ（アメリカのブログサイト）が伝えている。

ミールキットの拡大は、アマゾンとホールフーズへのシーフード供給業者にもメリットがある。キットは畜肉、家禽、魚、シーフード、果物、野菜、ソース、調味料で構成される、とアマゾンのトレードマーク申請書に記載されている。食品業界コンサルタント会社フードサービス・ソリューションのスティーブ・ジョンソンによれば、「手間いらずで、充実した美味な食事は、消費者のみならず小売店にとっても有益である。

アマゾンは、個別に特別注文のミールキットを、曜日別、食事時間、好みに合わせて顧客との関係を強化できる。ミールキットは恐らく、家族の人数に合わせることになるだろう。」アマゾンはまた、すでに即配のエキスパートであり、時間の節約を切望している顧客を新たなミールキットで満足させることができる。シーフードの供給業者は、健康的な食事を求める消費者と共に、このミールキットの勢いに取り組むべきだと伝えている。アマゾンやホールフーズ以外にも、米国大手スーパーマーケットのクローガー、パブリックスもミールキットに参入している。

ミールキットとは、食事に必要充分な量の肉、魚、野菜などの生鮮食材、ソース、調味料など一食分・数品目を1パックにすることで、消費者の買物の時間を節約し、不要な量の食材購入が無くなり、家庭でのごみを無くすなどの利点がある。調理済み惣菜の購入とは異なり、家庭で素材から調理するので、料理の手抜きの後ろめたさがなく、キットに含まれる調味料やソースなどを使用することで一流の味を家庭で作り出せるのである。特に魚介類では、骨なし切身などを利用して煮魚、焼き魚以外のメニューを提供できる可能性がありそうである。

（2017・8・13）

(42) アジアで人気の水産商材はエビ・サーモン・ホタテ

シーフード・エキスポ・アジア開催前の来場予定者アンケートでは、最大購入希望水産物はエビ・エビ製品です。同エキスポは、来週9月5〜7日に香港で開催されます。3300名以上の来場予定者のアンケートによれば、41％がエビ・エビ製品を求めているそうです。第二位はサーモンで40％、三番目に需要が多いのはホタテで36％でした。4位はアワビ34・6％、5位はロブスター34・5％、6位カニ34％、カキ7位30％、マグロ8位25・5％、タラ9位25・3％、そして10位はイカの24％でした。

このアンケートはシーフード・エキスポ・アジアの主催者ディバーシファイド・コミュニケーションズ社が実施し、シーフードソース・ドット・コムが発表しました。シーフード・エキスポ・アジアは、世界中からバイヤーとサプライヤーが集まり、利益につながる香港とアジア太平洋地区でビジネスのネットワーク構築と商談を行います。「2025年までにアジアの水産物市場と消費が世界をけん引すると国連食糧農業機関（ＦＡＯ）が予測していいます。

エキスポ同時開催の会議では２０１７年以降の課題を主題として、業界が直面する最重要課題を議題に取り上げると共に、最近の市場や製品の貴重な情報を会議出席者に提供します。」とエキスポ・ディレクターのアイリス・クワン氏は語った。日本の水産物市場がこのまま縮小すると、２０２５年にはアジアの下位市場になってしまうのか、または国産や輸入原料の加工で、他国の加工水産物と比べて高級加工水産物の輸出国となるのか。そして日本国内消費者は低価格の輸入水産物を食し、国内加工水産物は重要高額輸出品目となるのか、非常に気になる課題です。

（2017・8・27）

⑰シーフードの豪華な盛り合わせ

（出典は一覧表に記載）

(44) 再び香港シーフードショーに

9月5~7日に開催された香港シーフード・エキスポ・アジアに行ってきました。今回は31か国から230の企業・団体が出展しました。アフリカからジブチ、オランダ領特別自治体（ボネール、シント・ユースタティウス、サバ）、フォークランド諸島、モロッコ、アイスランド、メキシコ、デンマーク、モルディブが新規に出展しました。

地域・国単位のパビリオンは21で、スペイン、フランス、韓国、中国、モルディブが各国特有で自慢の水産物を展示しました。

今回の新製品ショーケースでは、フランス産クリスタル・オイスター、オーストラリア産ロブスター、ニュージーランド産キングサーモン、東南アジア産ソフトシェルクラブ、アルゼンチン産アカエビ、マレーシア産スジアラ、オーストラリア産バラマンディ、中国青島加工のスケソウダラ天ぷら、デンマーク産伝統的な手作りスモークサーモン、台湾産ザリガニ・サラダ、アイスランド産タラの胃袋、香港加工の冷凍カニ缶詰、香港加工の冷凍ブラックタイガーむき身などが展示されました。

全体的には昨年よりも展示小間数、国・地域単位のパビリオンが多く、連日大勢の来場者で大変活気がありました。ヤング・シェフ・チャレンジ、トレーサビリティのIOTなどのイベントや、バラマンディ、パンガシウス、アラスカ産シーフードの料理実演が展開されました。日本からは7社の出展がありましたが、パビリオンはありませんでした。最大600米ドルの給付金が提供される特別バイヤー・プログラムには、日本から2社が参加しました。最終日の午前中は来場者が非常に少なかったので、知人の上海人に話したところ、香港を含む広東人は夜型の人間が多く、午前中の活動は苦手だそうです。

ベトナム・ニュースの報道によると、エビのジェル注入の件数が過去数カ月の間にベトナム国内で急増しました。ベトナム農業省が最近公表した事件では、ドンハイ地区のロングディエンでは、労働者を雇入れて63キロ以上のエビに粉末のカルボキシメチルセルロース（CMC）を注入していました。粉末CMCは、水と混ざると液状化するそうです。粉末CMCは1グラム1・20ドルで販売されていて、1トンのエビに使用できるそうです。ベトナム農業省は昨年に、1万0300の事業所を査察して、1107件のCMC注入事件を発見し、罰金10万5600ドルを課しました。

アラスカ州ジュノー・エンパイア紙の報道によると、赤ナマコの漁が10月1日に解禁となり、200人のダイバーが同州南東部で100万ポンドの操業を開始します。浜値は通常ポンドあたり4ドル以上で、水揚げ高はおよそ500万ドルに上ります。この金額をはるかに上回る水揚げもあり得るのですが、アラスカ南東部の湾では、近年ほぼ全量のナマコをラッコが捕食しています。様々な干しナマコがネット通販で20～40ドルで販売されていますが、天然のアラスカ産自然乾燥赤ナマコは、ポンドあたり75～145で販売されます。

（2017・9・17）

(44) 海上保険連盟、IUU船は保険を拒否

オスロ発ニューヨーク・タイムスの報道によると、年間100億ドルを超える違法漁獲を行う底引き網漁船に対する保険受入れを拒絶することで不法漁業を締め出すことに同連盟が合意した。EUブラックリストに記載されていて、違法、無規制、無報告のIUU漁業に関連の船舶に対する保険受入れが世界的に拒否されることになった。現行リストには100隻以上の記載がある。略奪漁業の規定にはこれまで抜け穴があり、まれに世界的な水産資源を損ねる底引き網漁船でも船主は保険を掛けることができた。

EUリストにはIUU漁船の共通基準が記されている。アリアンツ・グローバル・コーポレート・アンド・スペシャルティ、アクサ、ゼネラリ、ハンザ同盟アンダーライター、ショッ

プ・オーナーズ・クラブが発起人となって発行した対策に20社以上の企業が同調し、国連も支援している。これらの保険会社は、ＩＵＵ漁業への関与でブラックリストに公式記載された船舶の保険を故意に引き受けたり、或は保険を促したりしないことで合意した。この声明には「故意に」という言葉があるが、これは過去の略奪行為を偽装する目的で船籍や船名を直近に変更した場合、事実を知らずにその船舶の保険を引き受ける恐れがあるからである。ＩＵＵ漁業の支援はEUでは違法である。

ＥＵのブラックリストは、北大西洋から南氷洋周辺水域までの地方漁業管理組織のリストに基づいている。インターポールの海賊船に関する「パープル・ノーティス」を発行することがあるが、非公開である。２０１６年国連協定では、ＩＵＵ漁業に関与した船舶の入港拒否を各国に求めている。

⑯　海藻製品が人気を呼ぶ

チップスからジャーキーまで海藻製品が人気を呼んでいるようである。ペントン・ビジネス・メディアの報道によれば、米国メリーランド州で先月開催されたナチュラル・プロダクツ・エキスポで様々な海藻製品が目についたようである。緑色、旨み、そして持続可能な逸話などのおかげで、チップス、パスタ、ピューレからジャーキーまで、海藻が自然食品の分野で食材としての利用が増えている。巻きずしなど、海藻製品の利用は米国内ではかなり限定されている。SeaSnax や GimMe Snacks など一部のブランドが焼きのり製品で消費者向け販売において先行しているが、海藻はまだ主流の食材ではなく、小売店で探すのは容易ではない。ブルー・イボルーション・フーヅなど

⑱ハワイで養殖される海藻
（出典は一覧表に記載）

数社は、パスタやマリナラ・ソースなどに使用して海藻の認識を高めようとしている。

海藻は欧米人にとって不慣れである。ワシントン・ポスト紙編集者の説明では「カリカリした後のふやけたような食感で、残念ながら美味とは言い難い。悪くはないが食欲をそそる食材ではない」と述べている。生の海藻はぬめりのある食感で気色悪いとの意見もあり、海藻に不慣れのアメリカ人には肯定的に受け入れられていない。正しく栽培すれば、きわめて持続性の高い食品であり、水の散布や農薬も不要である。しかもマグネシウム、

葉酸、カルシウム、ビタミンKを含む非常に健康的な食品である。より多くの人々に海藻を味わってもらうことが期待される。

（２０１７・10・９）

(47) エクアドルのエビ養殖者は中国とベトナムに苦言

エクアドルの養殖・水産加工業ソンガ社の社長ロドリゴ・ラニアド・ロメロ氏、エビの対ベトナム輸出依存体制削減を訴える。アンダー・カレント・ニュースの報道によると、ベトナムから中国への不透明な輸出に言及して「エクアドルは、特定の市場に過剰に依存している」、とラニアド氏は語った。エクアドル養殖業会議所が自国のエビ販売拡大方法に注力していることを踏まえて、「業界が現在直面する課題の一つである」と同氏は訴えた。直接の言及はなかったが、ベトナム北部ハイフォン港へ輸出されたエビが国境を越えて運搬され、中国の輸入業者たちが輸入関税を逃れていることは公然の秘密となっている。ベトナムは、現在エクアドルの最大市場で、輸出のおよそ50％を占めている。

主にエクアドルの大型エビを中国が直に買い付けていることを指摘して、エクアドル製品の95％が中国に行きついているとラニアド氏は語った。前年の１万８０００トンと比べて、ベトナムはエクアドルから計16万トンのエビを2016年に買い付けたが、一部の量はエクアドルの公式統計に反映されていない。過去三年間でエクアドルの販売量は55％成長したが、金額は25％しか増えていない。

2017年8月までのエビ販売量は、前年比17％増だが、輸出の増加にも拘わらず価格は比較的安定している。「すなわち、エクアドルがすでに価値を生み出していることを実証している」とラニアド氏は語った。

（2017・10・22）

（48）中国青島の中国国際漁業博覧会

今月1～3日に中国青島で開催された中国国際漁業博覧会に行って来ました。この漁業博覧会は、中華人民共和国農業部と米国ワシントン州を本拠地とするシー・フェアー・エキスポ（Sea Fare Expositions, Inc. 以下 SFE）社の共同開催で、SFE の任務は海外出展者と来場者の誘致です。今回で22回目となる漁業博覧会は3万6000平方メートルの展示面積で、出展企業・団体数は46カ国から1400社・団体、来場者は2万8000人を記録しました。

日本の大手水産会社3社は独自のブースで出展し、JETROのジャパン・パビリオンには4社が出展しました。大日本水産会に籍を置く水産物・水産加工品輸出拡大協議会も独自のブースを展開し、日本の漁業・水産物に関するセミナーを開催して我が国の水産物を宣伝しました。

海外の水産業界紙も3日間の会期中に、ブログを展開して様々な報道を行いました。多くの出展企業の取材による報道は、中国の国内消費市場の拡大で、これまでの輸入原料に付加価値を付けて再輸出というパターンからの脱却を目指しているようです。中国国営企業最大手の中水集団遠洋股份有限公司は、モロッコ産のタコからモザンビーク産のエビまで多くの水産物を長年中国の消費者へ販売してきたが、これまではコンテナ単位の卸売販売が中心でした。

今では、イカやマグロなどスーパーマーケッ

⑲中国青島国際シーフードショウ会場風景

（出典は一覧表に記載）

ト向けの少量包装の製品を取り扱っている、とアンダーカレント・ニュースが報じました。上海荷裕冷凍食品有限公司は7年間ノルウェーのレロイ・シーフード・グループの製品を中国国内で販売してきた。同社は、主に養殖サーモンのポーション、フィレ、切り身や、カラスガレイやエビなどを販売しているが、無視できないほどの大きな市場であるので、現在では中国国内市場に注力している。自社ブランドHollywinのスモーク・サーモンが一番売れているそうである。過去には加工品の再輸出を専業としていたが、現在では国内市場の販売が同社の売り上げの半分を占めているとのことである。

中国国内市場の成長が見込まれれば、この漁業博覧会もさらに拡大して世界最大規模に発展する可能性があります。しかし、展示会場が青島市内からおよそ50㎞と遠く、車での移動時間は1時間半から2時間もかかるので出展者、来場者共に大きな負担を強いられています。展示会場には隣接するホテル一軒のみで、他の外食施設や商店街もありません。青島市内から展示会場までの鉄道が建設中で、高層マンション群も点在して建てられていますが、住民の雇用を受け入れるような工場や製造行は皆無です。市内から展示会場の途中で唯一目立つのは温泉リゾートで、観光客は多く来るそうです。将来この地域がどのように開発されるのか見ものです。

（2017・11・5）

(49) まだ小規模な台湾国際漁業展

今月９～11日に台湾高雄で開催された台湾国際漁業展へ行って来ました。今回が第３回目で、まだ小規模です。出展企業も水産物より漁業・養殖業関連の機材や資材の出展が多いようでした。韓国は10社ほどの大型パビリオンを構え、スライス・アーモンドなどを海苔で挟んだスナックを盛んに売り込んでいました。

対面に構えたのが日本の水産物・水産加工品輸出拡大協議会のブースで、50キロ級の養殖ホンマグロが多くの来場者の目を引いていました。試食では長い列ができ、何時間もブース内にとどまり、マグロの他にブリやサンマ、トビウオなどの試食品を食べ続ける猛者が数人いました。関連業者以外に一般消費者と思われる来場者が多いのが目につきましたが日本ファンの多さに勇気づけられます。

水産業界での人材募集がままならないのは日本だけではないようです。アメリカ西海岸オレゴン州でも漁船員や加工場職員を募集しても反応が悪いようです。次世代の男女漁業者を集めるために地元水産業界が高校の就職イベントに来年初参加する、とオレゴン州アストリア市のデイリー・アストリアン紙が報道しています。１９８０年代のアラスカ州タラバガニ漁では職を求める人々が一日50人も集まったのですが、今では昔話になってしまいました。

水産業は今でも高収入を得られる業界ですが、魅力が失せたのか、この業界への求職者がとにかくいないようです。船長や船員の高齢化は、ここ数十年の間に数年おきに現れる現象です。米国商務省海洋漁業局の社会科学者の研究によれば、過去十年で以前より漁業への参入がますます困難になっている。

ある底引き網業者は、漁船の操業経費が上昇している中で、浜値が停滞していると言っている。操業免許も入手が難しくなっている。免許と漁獲枠が一体となっている漁業では、漁業者が漁獲枠を容易に手放さないために新規の参入が難しくなっている。

過去の新規参入方法は門戸を閉じられている。例えば、ワシントン州とオレゴン州の堺を流れるコロンビア・リバーの刺網漁は、新しい漁業者の第一歩であった。漁具は一人で扱えるし、初期投資も比較的低額だった。数年の協議の末に議会が刺網漁を禁止してしまった。常に変化する環境の中で生存する資源に基づく漁業という仕事は、高リスクな事業である。より多くの人が計算をして、そのリスクに値しないと結論を出しているようである。「これをやって、いつかボートを買うんだ」と言える日があったかもしれない。「それはもう夢になってしまった」とコロンビア・リバーの底引網業者は言っている。
（２０１７・11・19）

(50) 中国の水産物密輸入年間１６００万トン

中国国際漁業博覧会からのアンダーカレント・ニュースの報告によれば、２０１６年の中国による水産物輸入は５６０万トンだった。その内１６０万トンが不法に密輸入された、と中国水産流通加工協会がサステナブル・シーフード・フォーラムで発表した。凡そ１００万トンがベトナムから持ち込まれたが、輸入関税と付加価値税を逃れるためにベトナム北部のハイフォン港に運ばれた水産物が中国国境を越えて密輸入されるのは水産業界では公然の秘密となっている。

水産物は香港経由でも中国に密輸入されている。インドと接する中国北西部の新疆ウイグル自治区国境からもエビなどの密輸入ルートが開発されている。中国に密輸入されている水産物は主に南米やアジアからのエビである。オランダの金融機関ラボバンクのゴージャン・ニコリクによれば、２０１６年に中国に合法輸入されたエビはおよそ７億５０００万米ドルで、２０１５年からわずかに上昇した。

ラボバンクの資料と、最近ポルトガル・リスボンで開催された国連食糧農業機構が発表した資料によれば、中国のエビ輸入は近年になって２００６年の1億５０００万ドルから急増している。ラボバンクによれば、主にベトナム経由のグレー・チャンネルを通して中国に搬入されるエビはおよそ15億米ドルと推定されている。２０１７年初頭のアンダーカレント・ニュースの報告では、２０１６年にベトナム・中国国境を越えて27万トンものエビが密輸入され、その金額は10億米ドルに達している。

最近の密輸入の急増は、満たされない中国の需要に起因している。消費の増加と、中国養殖エビの病気の問題がある。小型のエビは、数多くの地方市場で売られているが、これは病気の発生による早期収穫の兆候であり、２０１６年秋の最大生産地におけるバナメイエビ生産量は30〜40％も減少している。水産餌料の生産大手である新希望六和社は、年間50〜70万トンのエビが不足していると推測している。

密輸入は正当な輸入業者をより困難に貶めている。今年前半にベルギー・ブリュッセルで開催されたシーフード・エキスポ・グローバルで、国内に密輸入された大量のエビが低価格で売られているので商売が非常に困難になっている、と中国の大手エビ輸入業者はアンダーカレント・ニュースへ伝えた。中国青島で最近開催された中国国際漁業博覧会でも、同社の消息筋が状況に変化がないことを伝えた。

エクアドルやインドなどの大手生産国は密輸出入を止めるよう一層の努力をするべきであり、中国政府もそうするべきだと皆が考えているが、生産者について誰も語らず、何ができるかも語られない。ベトナムへの輸出を実質的に停止させた冷水系エビ輸出企業と同じ行動を生産者がとるべきだ、と同消息筋は語った。アルゼンチンの対中輸出は、主に天然の冷水系エビで、その量はエクアドルの養殖エビの量を上回っている。冷水系エビの市場ではないベトナムへ輸出する唯一の理由は中国への密輸出なのである。

ベトナムへの輸出を阻止するために正当な輸入業者たちは団結した。そうすることで、正規に輸入されたエビは中国の検疫を受け、高品質が保証されるので生産者と消費者への利益になるのである。


（２０１７・12・３）

（51）米国輸入水産物モニタリングプログラム①

２０１８年１月１日施行の米国輸入水産物モニタリングプログラム（SIMP: Seafood Import Monitoring Program）では、ほとんどの輸入業者が対応遅れている。輸入承認に対して一連の新たな資料を求める輸入水産物モニタリングプログラムを米国海洋漁業局が来年1月1日に施行する。太平洋・大西洋のタラ、ワタリガニ、シイラ、タラバガニ、ナマコ、ヘダイ、サメ、メカジキ、マグロ全魚種が対象で、複雑な通関資料の提出が必須となる。とりわけ太平洋・大西洋タラとマグロが大量に輸入されている。上記の魚種輸入に際しては、漁業承認番号、漁船登録番号、漁具、水揚げ日、尾数と重量を含む荷揚げ時の魚体形態、最初の荷揚げ地、最初の搬入業者名などの新たな資料の提出が必要となる。

これまで水産物の輸入は、税関のオートメーティッド・コマーシャル・エンバイロンメント（ＡＣＥ：Automated Commercial Environment）を利用して通関業者が通関手続きを行ってきた。ところが全米通関業者協会が米国海洋漁業局へ提出した最近の報告では、試用期間中のSIMP通関手続き件数は全米で8件のみで、SIMPへの対応が遅れている、とシーフードニュース・ドット・コムが報じた。

海洋漁業局はSIMPパイロット・プログラムの運用を今年10月4日に開始した。ところが、通関業者がＡＣＥ（関税自動入力）へSIMPデータを入力するために必要なシステム・プログラムをソフトウェア会社がつい最近になって完成させたばかりである。通関業者の多くが、彼らのシステムでの技術的不具合解決にまだ挑んでいるのである。結果として、パイロット・プログラムの運用が遅れ、先週（11月末）時点での利用実績は8件だけであり、２０１８年1月の施行期日が迫っている中で、この問題に困惑している、と同協会が伝えている。

「過去2年の間に税関当局はＡＣＥへ移行し、それからＦＤＡや海洋漁業局といった関係当局と合流した。その間に学んだことは、サプライチェーンの分断を避けるためには各システムの適切なデザイン、テスト、そして導入へ向けて、システム移行に関与する様々な関係者全員が十分な時間を持つことである。ＡＣＥ導入時には各政府機関が施行期日前に何カ月もの試用期間があった。完全導入後も、入力時の不測の事態の備えを作成し、支援マニュアルを提供することでソフトウェアの誤作動や予期せぬ問題で通関遅れが発生しないように各政府機関は柔軟に対応した。

海洋漁業局のSIMP導入に対する課題はより重大で、順調なソフトウェアの作動だけの問題ではない。10項目以上のデータ入力は業界にとって初めての必須要件であり、サプライチェーンの奥深くにまで拡散している。サプライチェーンの様々な、そしておよそ無関係な分野にまで存在する情報を、いかにして正確に、そして効率的に集めるべきか、輸入業者たちは解決策を立てている。

サプライチェーン全体がこの新しい情報の流れを調整できるまでシステムの運用は難しいだろう。確実に言えることは、1月1日に成功裡にシステムを運用するには4〜6週間の試行期間では充分な準備はできない。運用の延期を提案しているわけではなく、海洋漁業局が柔軟な政策を用意することが不可欠だと考える。システムとソフトウェアが完璧に作動しないうちに4週間で厳格な運用を求めれば甚大な弊害となることは明確である。

（2017・12・17）

(52) 米国輸入水産物モニタリングプログラム②

前回報告した米国輸入水産物モニタリングプログラム（SIMP: Seafood Import Monitoring Program）に関して、米国海洋漁業局（NOAA Fisheries）が、しばらくの間は柔軟な対応をとると発表しました。昨年12月18日発表のアメリカ合衆国税関・国境警備局によると、SIMPへ必要な入力する情報がそろわない場合は、従来のオートメーティッド・コマーシャル・エンバイロンメントで輸入申告を受付けて、事後報告として後日SIMPの完璧な入力を認めると報告しました。

海洋漁業局では米国東部時間午前8時から午後8時まで通関業者からの質問を受け付けることでSIMP入力の支援を提供するそうです。この猶予期間は後日公表するそうです。シーフードニュースの報道によれば、昨年10月4日にSIMPパイロット・プログラムが開始してからの入力件数は１００件ほどだったことと、業界からの要望で、海洋漁業局が今回の決定に至ったようです。輸入申告数は一日数百件あるのですが、これによりある程度の輸入申告の混乱は避けられそうです。

また、次期予算案審議で米国議会がSIMP対象の魚種リストにエビとアワビを追加するかもしれません。然しながら、海外の養殖エビ輸出業者に求めるべき情報と同じ情報を米国内養殖業者が提供できないなど、世界貿易機関（ＷＴＯ）から不適切な貿易規制と認定される恐れがあり、それに加えてSIMPの極めて複雑な技術的および構造的な課題も解決しなければならないそうです。要するに、エビをSIMPリストに追加するには、長時間を掛けてSIMPのシステム変更とプログラムの書き換えが必要となるのです。

フランス人養殖業者、レモン風味のカキを提案。自宅車庫で4年間の試行錯誤を経て完成。「最初は90％を廃棄しなければならず、とてもがっかりさせられたが、今では95％の成功率になった」とザ・ローカルフランスが伝えている。ジェフリー・デュボールトの製造特許は、濃縮レモン水を加えた海水を入れた水槽にカキを2～12時間活けこむというものである。カキはろ過装置のような鰓を通して海水を取り入れ、レモン風味を吸収する。この技術は単純そうに見えるが、16の工程があり、そのうちの一工程でも間違えれば良好な結果は得られない。

　フランス西海岸のカキ生産地マレンヌで毎年40トンのカキを養殖しているこの養殖業者は、市場の販売店でカキを購入する顧客が必ずレモンを同時購入していることから、このアイデアが浮かんだ。この風味付けカキを10月に販売を開始したところ、ベルギーや香港のバイヤーが現れた。昨年4月にブリュッセルで開催されたシーフードエクスポ・グローバルで、7年間同様な試みを経験した中国人来場者から称賛されたことで彼の功績が認められたのである。ブリュッセルでの人気で、この新商品を販売するSo'oohという会社を彼は立ち上げた。アジア市場向けには生姜風味、そしてイタリア人向けには甘

⑳フランス・カキ養殖の加工風景
（出典は一覧表に記載））

ロのマスカットワイン風味がある。

今年は、グレープフルーツとミラベルプラム（セイヨウスモモ）風味を追加する計画である。年末のクリスマス時期をめざしてトリュフと胡椒風味も計画している。ラズベリー風味のカキは若年層向きである。彼の顧客の中ではフランス人が完璧主義者で一番難しいが、それでも大手スーパーマーケットチェーンとの契約が最近成約したことで、彼は希望に満ちている。

（2018・1・1）

(53) 欧州で養殖マゴイ鯉市場が新展開

ヨーロッパの養殖マゴイ鯉が新たなマーケティングのアイディアを求めている。マゴイ(Cyprinus carpio) は最もよく知れ渡っているだけでなく、最も頻繁に食用養殖魚として生産されている魚の一つである、とユーロフィッシュ・マガジン2017年11・12月号で伝えている。2014年に、この魚は420万トン養殖で生産され、加えて15万トンが漁業生産された。マゴイは、古代世界でも人気の食用魚であり、数世紀前から伝わる中央ヨーロッパのマゴイ養殖池は今日の文化的景観の一部にもなっているのである。ヨーロッパの養殖業と漁業におけるマゴイの重要性は低下しているけれども、この魚はとりわけ東ヨーロッパでは重要な地位にある。マゴイは各地の祝祭日には必要不可欠で、とりわけクリスマスと正月には必須である。ポーランドとチェコでは、マゴイの無い祝祭日はあり得ないのである。

チェコのレストランでは、その時期になるとスパイスを効かせた煮ゴイや焼き魚から始まってパプリカを使った料理など5～10種類のメニューを提供する。ドイツのフランコニア地区は、マゴイの主要中心地とみなされている。そこでは、頭もヒレも付いたままのマゴイを半身にして、小麦粉をまぶしたフィレを油で揚げるカルプフェン・フレンキッシュという料理がある。北ドイツでは、ビネガー・ワインのソースに10～15分漬けてマゴイのマリネを作る。酢の酸が、魚の粘液質を溶かし、魚肉を青みがかった色に変えることから、その名もKarpfen Blau（青鯉）である。

国連食糧農業機構（FAO）によれば、2015年のヨーロッパのマゴイ生産国は、ロシア（57983トン）、チェコ（1万7860トン）、ポーランド（1万7749トン）、ハンガリー（1万0725トン）、ウクライナ（9640トン）、ベラルーシ（6480トン）、セルビア（5598トン）、ドイツ（4916トン）である。

需要と供給の差を満たすために、およそ2万4000トンのマゴイ及びマゴイ製品（活、生鮮、冷凍）がヨーロッパ圏内で毎年取引されている。主な輸出国はオーストリア、チェコ、クロアチア、リトアニアで、輸入国はドイツ、ハンガリー、ポーランドである。ヨーロッパ圏内のマゴイ輸出入は、およそ世界の3分の2に相当する。その理由は、主要生産国であるアジアがマゴイの国際貿易に関わっていないからである。

㉑長野県佐久のコイ
（長野県水産試験場提供）

その一方で、ヨーロッパ諸国の一部、とりわけ若年層でマゴイの認識の問題があり、消費者の選択肢として定位置にある。多くの消費者を悩ます煩わしい骨だけではなく、この魚の味と品質の大きな差があることである。

マゴイの風味と品質は、その餌（穀物、トウモロコシ、大豆、ペレットなど）、養殖環境、と養殖場の水質に左右される。脂肪分が少なければ、藻のよう風味で大味となるが、脂肪分が多すぎるとかび臭くなり、清浄な水で長時間活かす必要がある。必要なことは、通常の販売シーズンを超えた販売をするための魅力的なマゴイ製品である。新たな取り組みや、新製品の投入は不成功に終わっている。ヨーロッパ圏内のマゴイ市場の将来は、若年層をいかにしてマゴイに惹きつけるかに関わっている。

（2018・1・14）

(54) フランス漁業者、電気桁網に反対で暴動

魚を気絶させて獲る電気桁網の使用に反対してカレーとブローニュの港を封鎖した。英国放送協会の報道によると、漁業者たちはカレーを入出港するフェリーを漁船が阻止し、ブローニュの交通を遮断した。ブローニュの漁業者は、港に通じる路上でパレットやタイヤを燃やし、オランダ船が漁獲物を荷揚げする港湾施設を二隻の船で封鎖した。

カレーは、毎日数千人の観光客や大型トラックが使用する英仏間を結ぶ重要な拠点である。最近になって主にオランダの桁網漁船が使う電気ショック漁業を欧州議会が禁止した。電気ショックによる魚の感電死は許されるのか？地方漁業委員会のステファン・ピント副会長によれば、小規模の漁船団がブローニュからカレーへ向かい、ダンカークからの他の船団もそれに加わった。他国の漁船による電気ショック漁業の使用が原因で、フランス人

漁業者は経済的な損失を被っているのである。

騒動の種となっているこの漁法は、電流を流す桁網を利用して魚にショックを与えることで、浮いてきた魚を容易に捕獲できるのである。欧州連合の中ではオランダがこの漁法を一番多く活用していて、伝統的な底引網漁と比べて環境への影響は少ないと論じている。然しながら、この漁法は資源を枯渇させていると主張するフランス人漁業者たちを燃え上がらせてしまった。フランスの環境保護団体ブルームも、この漁法に反対のキャンペーンを立ち上げた。漁業規則の合理化対策に関する一括法案の同意を求めて欧州議会は、欧州委員会及び加盟国と長い交渉に入ることになっている。新法が執行されるまで、オランダ桁網漁船は電気ショック漁業を継続できる。

㉒フランスでのデモの様子（イメージ）

（出典は一覧表に記載）

(55) スイスが法律で生きたロブスター煮沸を禁止
甲殻類は痛み感じる神経系を持っているかの議論も

米国ルイジアナ州のテレビ局WVUEの報道によると、動物に対する虐待を理由に生きたロブスターの煮沸をスイスが法律で禁止したことで、同州で行われているザリガニの煮沸に対する議論が白熱している。ルイジアナ州はザリガニの一大産地である。ニュージーランドに次いで、スイスが二番目に活ロブスターの煮沸を禁じた国となった。またイタリア北部のレッジオ・エミリア市も活ロブスターの煮沸を禁じている。この法律によれば、ロブスターを茹でる前に、電気及び機械でロブスターの脳を破壊しなければならない。

ルイジアナ州立大学のグレッグ・ルス博士によれば、同法関連のウェブサイトを閲覧すると生きたロブスター

㉓ロブスター

（出典は一覧表に記載）

を熱湯に入れると、ロブスターは悶えて鍋の縁を蹴ったり、体をこすりつけたりするとの記載があるが、室温の水に入れてもロブスターは同じ行動をとるそうである。生きた甲殻類の煮沸禁止は、科学的に立証されていない、と同博士は言っている。

甲殻類が痛みを感じる神経系を持っていると信じたり期待したりする理由はないし、そのような神経系は持ち合わせていない。甲殻類の神経系は昆虫の神経系と非常に似通っている。

州立メイン大学のロブスター研究所もルス博士の主張を支持している。昆虫やロブスターには脳が無く、生体として痛みを感じるにはより複雑な神経系を持たなければならない。昆虫と同様にロブスターは痛みを処理する神経系がない、と神経生理学者は伝えている。

（２０１８・１・28）

(56) シラスウナギ不漁は米国かば焼き市場に影響

２０１８年シーズンのシラスウナギ漁は、日本、台湾、中国ともに厳しい不良が続いているようです。このまま終漁することになると、日本のウナギ養殖業界やウナギ専門店の存続にかかわる問題になると危惧するこの頃です。スーパーマーケットや外食業界では、ジャポニカ種の蒲焼が高額になり販売減、その分中国養殖・中国加工のアメリカウナギ蒲焼が増えるのかな、などと思っています。

いずれにしろ、全体的に高価格となり消費が減退するのでしょうか。家庭消費では、近い将来、練り製品のウナギ蒲焼もどきが主流になるのかもしれません。アメリカウナギ・ロストラタ種のシラスウナギ漁は来月解禁されます。AP通信の報道によれば、今シーズンのメイン州内漁獲枠は9688ポンド（4396キロ）で、来年は1万1479ポンド（5206キロ）への増加が期待されています。

昨年の浜値はポンドあたり1200～1300ドルでしたが、ジャポニカ種の価格高騰に引きずられ、今シーズンの浜値はさらに上昇する気配で、ほぼ全量中国へ輸出されることになりそうです。

米国メイン州の循環式ウナギ養殖パイロット・プログラムでは、2017年1月に池入れ後、モサンビカ種が斃死率も少なく順調に育っています。来月には投資額も増えて、いよいよ商業ベースの循環式養殖施設の建設に踏み切るようです。メイン州のシラスウナギ漁に間に合えば、ロストラタ種の池入れも期待できるかもしれません。オランダ人養殖技術者の主導による、ヨーロッパ式の施設になるようです。

成鰻については、昨年ある韓国業者がこの養殖業者から活鰻買付けの手を挙げています。ヨーロッパからの引き合いも既に来ていると報告されています。ロストラタ種の資源状況にもよりますが、サステナビリティ、餌料や薬品・抗生物質の使用などの透明化などの課題を克服してＡＳＣ認証を獲得すれば、米国のウナギ蒲焼製品市場３０００トン超の一部を容易に、しかも現状より高単価で獲得できそうです。ヨーロッパ市場も有望です。

一方、研究者たちによる１０００以上の食品原料成分の分析結果を基に、必須栄養量のバランスが最適な食品のランク付けをＢＢＣ（英国放送協会）が先月末に公表しました。なんとシーフードが上位10位以内に記載されました。

１０００食品中、トップの魚は第２位につけたタイセイヨウアカウオが高蛋白、低飽和脂肪酸、栄養得点89で好評価でした。４位は、ヒラメ・カレイ類で一般的には水銀汚染が無く、ビタミンＢ１が豊富、栄養得点88。

10位、スナッパー（フエダイ類）、栄養豊富だが危険な毒素を持つことがある、栄養得点69。16位、パイク（カワカマス）、肉食淡水魚、栄養豊富だが水銀を持つので妊婦は食すべきではない、栄養得点65。

17位、スケソウダラ1%以下の低脂肪、栄養得点65。20位、マダラ、豊富な脂肪酸とビタミンDを含む肝油の重要な原料、栄養得点64。21位、ホタテ、低脂肪、高タンパク、脂肪酸、カリウム、ナトリウムが豊富、栄養得点64。28位、二枚貝、低脂肪、高タンパク、貝毒に要注意、栄養得点62。32位、ホワイティング（ヨーロッパ産タラ科の魚）、栄養得点61。

上位100位の食品リストは、こちらの英文リンク〈www.bbc.com/future/story/20180126-the-100-most-nutritious-foods〉で閲覧できます。（2018・2・11）

(57) 世界の洋上で漁業活動の軌跡を収集

人類は現在、世界の海洋の少なくとも55%で漁獲活動を行っていて、これは農業の耕地面積の4倍に相当する。この驚くべき統計は、世界的な漁業操業に関する膨大な量の新しいデータを提供する類のない先端技術による共同研究の結果の一つである、と最近のワシントン・ポスト紙が報道した。

サイエンスジャーナル誌に掲載されたこの調査結果は、厳格な規制が困難な公海での過剰漁獲の問題を強力に垣間見せている。国連食糧農業機関によると、世界の水産資源のうち31・4％が２０１３年現在で、過剰漁獲または持続不可能な状況とされ、58.1％が「完全利用」されている。

今回の調査結果は、オセアナ（Oceana）、スカイトゥルース（SkyTruth）、グーグルとの共同組織であるグローバル・フィッシング・ウオッチ（Global Fishing Watch）の資料に起因している。研究者たちは、国際海事機関が義務付けている追跡システムを搭載した約７万隻の漁船から、何十億というデータポイントを収集した。

その結果、グローバル・フィッシング・ウオッチのデビッド・クルーズマ氏が率いる調査では、「直接的に記録されたことはかつてなかった」。限定的な資料とは言え、漁業活動が行われている海洋の割合は73％と高い可能性がある、と同研究結果は伝えている。

南米南東部、中国東海岸、アフリカ西部、そしてヨーロッパと地中海周辺で特に激しい漁業が行われていることがわかった。北大西洋、東北太平洋、インド洋、南洋では、更なる漁獲は不可能である

この調査では、スペイン、台湾、日本、北朝鮮、中国の５カ国からの船舶が世界漁業の85％以上を占めていることが分かった。しかし、２０１６年の資料によれば、とりわけ

中国の漁業軌跡が最大だった。（この調査では２０１２年から２０１６年までのデータを使用した）

スクリップス海洋研究所の海洋科学専門家、ジェレミー・ジャクソン氏は、「結果は漁獲努力を測定するために伝統的に使用されてきた漁獲データと極めて一致している。「中国、スペイン、台湾、日本、韓国が公海の85％で操業しているという事実にも合致している。それでも検めて確信を得るのは良いことだが、最大級の規制を課さなければ持続不可能となることは当然である」

グローバル・フィッシング・ウオッチが調査を実施するために使用する技術は、衛星と陸上の受信機を駆使して船舶の移動を追跡する自動船舶識別装置の公衆放送データを利用している。すべての漁船が自らの位置を意識して発信しているわけではなく、とりわけ法律違反を意図している場合は、船舶は追跡装置の電源を切る可能性があり、潜在的に技術の有用性を妨げる可能性がある。

しかし、米国や他の国々は、洋上での衝突事故を避けるための安全対策として、位置表示システムの使用を既に特定の大きさの船舶に義務付けている。（２０１８・２・24）

(58) ジェトロがボストンSFショーにパビリオン

世界3大シーフード・ショーの一つであるシーフード・エキスポ・ノースアメリカが3月11～12日にボストン・コンベンション・アンド・エクジビション・センターで開催されました。主催者ダイバーシファイド・コミュニケーションの発表によれば、フィジ、オマーン、ウクライナ、ベネズエラの初出展を含む57カ国から１３４１の団体・企業が出展し、出展面積は25万８３６０平方フィート以上となりました。

米国で消費される魚介類の90％以上は輸入品で、レストラン、スーパーマーケット、ケータリング会社、シーフード市場、ホテル、航空会社、観光船などのバイヤーに提供されています。来場者の目的は商談のみならず、消費者の動向や、最善な商行為の実践から公共政策の考慮に至るまで、水産業界で影響力のある人たちからさまざまな課題に関する発言を直接耳にする機会なのです。

これらの議論は、展示会場内や特別イベント、情報満載の会議などで公式および非公式に行われます。展示フロアを歩いて、シーフード業界の動静を見たり、聞いたり、感じることができるのです。

個人的な会話や商談、そして体系化された会議プログラムを通じて、業界が目指している傾向を的確に把握し、新たな課題についての生産的な会話に参加することができるのです。特別イベントには、25以上の会議や専門家たちによる発表会、シェフの調理デモンストレーション、カキの剥き身技術コンテスト、小売り用新商品や外食向け新製品の最優秀製品発表会が含まれます。

今回は、米国政府の水産関係機関である商務省海洋漁業局、農務省農業販売促進局、農務省食品安全検査局、食品医薬品局、税関・国境警備局が初めて一つのブースに共同出展して、来場者の様々な法規や規制に関する質問に一か所で対応できるよう来場者の利便性を高めていました。またMSCとASCのサインも多くのブースで目につ

㉔ボストンシーフードショーのジェトロ・ジャパンパピリオン
（ジェトロ農林水産事業課提供）

きました。

日本からは13社がJETROの日本パビリオンに出展し、水産物・水産加工品輸出対策協議会のブースでは４社・団体が出展しました。同協議会による日本水産物セミナーでは満席となり、来場者の多くが立ったままで講義を聴講しました。その後のブリ、養殖マグロ、ホタテ、アジなどの試食会も大変好評でした。

会期二日目に猛吹雪の警報が出たことから、マサチューセッツ州内の公共機関や大学・学校が全面封鎖となりましたが、エキスポ主催者は最終日も開催を実行しました。一部の出展者は前日、或は最終日に早めに撤退するなか、ほとんどの航空便発着が翌日までキャンセルとなり、最終日の来場者減、国内・海外からの出展者の帰りの航空便確保、延泊のためのホテル客室確保など混乱が発生しましたが、それでも多くの来場者や出展者が最終日の閉館午後３時まで会場内を歩きまわり、各ブースで商談が続きました。来年の会期は２０１９年３月17〜19日と発表されました。

（２０１８・３・17）

(59) 中国全土で、ベトナムからのサーモン密輸入を摘発

ベトナム国境から不法に持ち込まれる水産物やその他の製品で、国内三大密輸入組織を壊滅すると広州税関が発表した、とシーフード・ニュース・ドット・コムが伝えている。密輸入の総額は1億3000万米ドルで、その内1億米ドルがサーモンだった。40にも及ぶ摘発チームが、北京、上海、広東、広西、福建省で襲撃に加わった。税関職員によれば、密輸入されたサーモンはノルウェーとカナダ産だった。

密輸入サーモンは、中越国境から中国国内に運ばれ、国中に流通された。組織的にサーモンを供給するグループ、サーモンの国境越えをする密輸グループ、そして中国国内の都市に存在する卸売業者へサーモンを配送する流通グループが関与していたようである。中国税関によれば、密輸サーモンは正規ルートで輸入されたサーモンより高収益で販売されたかもしれないが、コールドチェーン維持の保証がなく、健康上のリスクとなる恐れがある。今回の襲撃で見つかった他の製品には、エクアドルやインドネシア産のエビと西アフリカ産のイカやサバもあった。国産の淡水サーモンの生産も増えているが、露天市場で輸入サーモンとして販売されていて、三割引の低価格で売られている。中国税関の襲撃は、ベトナ

ム経由の貿易グレー・マーケットをアメとムチを使って削減することで、アメは低率輸入関税と通関業務の軽減で、ムチは密輸入組織の壊滅と逮捕である。

中国のサーモン密輸入組織、コンテナ７００台分の冷凍サーモンを搬入。中国税関職員によると、密輸入組織はノルウェーなど原産国から冷凍サーモンをベトナムへ空輸していた。中国人バイヤーはそこからトラックで中越国境へ運び、国内へ搬入するための人員を雇い入れ、広州、上海、深圳、北京などの都市で販売した、と美南新聞電子報が上記記事の翌日に報道した。

他のグループは、広州、上海、天津などの港湾都市で通常以下の価格で税関を通過していた。コンテナ一台分の冷凍ノルウェー・サーモンは通常12万7，000米ドルであり、税関職員によれば、収益はおよそ3万２０００米ドルである。税関の積算では密輸入組織の収益は総額２３００万米ドルである。

コンテナ７７５本、市場価格９８３０万米ドルの今回の事件以外にも、税関当局は第一四半期に32件、およそ1億７４４０万米ドル相当の密輸入を摘発した。前年同期と比べて、摘発件数は60％増え、金額は97・２倍と急増した。中国税関が今年摘発した水産物密輸入は今回が初めてではない。１月18日には税関当局が冷凍のサバとシマガツオを押収した。この事件の金額は１５９０万米ドル相当で、犯人は、通関書類と通関方法を偽装していた。

（２０１８・４・９）

(60) 米議会、ハワイのカジキ取引害する法案を検討か

米国議会に上程された２つの法案は、ハワイから米国本土へのカジキ出荷を禁止し、州の水産業を損なう可能性があることを卸売業者が懸念している、とハワイ・ニュース・ジャーナルが報告した。　上下両院の法案は、ハワイ州水域で漁獲されたカジキの米国本土へのカジキ商業輸出を阻止するカジキ保護法を修正する余地がある。この魚種が過剰漁獲に向かっている、または過剰漁獲の状態とみなされない場合には、この法案は、ハワイの一部の海産物供給業者を不必要なものとして攻撃している。

「この法案はすべてに影響を与える」とガーデン・アンド・バレー・アイランド・シーフード社のボブ・フラム氏は語った。「価値を大幅に下落させ、当社の輸出機会を閉じることになる。」ハワイアンニュース・ナウによると、同社は約30万ポンドのカジキを約１５０万ドルで米国本土に出荷した。ハワイ州のカジキ類年間水揚げはおよそ１０００ﾄﾝ、

４００万ドルである。米国海洋漁業局は、太平洋のカジキ類個体群は過剰漁獲されていず、持続可能な管理下にあることを記録している。然しながら、ハワイの伝統的漁業規制免除を通じて、世界の他の地域で漁獲されたカジキが米国本土に出荷されていることも事実のようである。

(61) アメリカ下院委員会、フカヒレ漁法案を議論

米国下院天然資源委員会は、サメやエイの一部を米国に輸出しようとする国に制限を加える2つの漁業関連法案について議論する予定である。フロリダ州選出下院議員ダニエル・ウェブスターが3月13日に提出した２０１８年持続可能なサメ漁業・貿易法案は、９人の超党派議員が共同提案している。ウェブスターの法案は、科学に基づくものを含めて、これら魚種の過剰漁獲の防止や資源回復措置が米国と同等の管理・保護政策を実施していると米国海洋大気庁が認めた国に限定してサメやエイの一部および製品の米国への輸入を認めるとしている、とオンライン・マガジン「カリフォルニア・ダイバー」が報道している。これらの国は、サメの鰭を切断し、魚体を海へ放棄する漁業を禁止することが求められる。

現存する1250種の軟骨魚種の約4分の1が絶滅の危機に瀕していると言われている。
ワイルドライフ・コンサベーション・ソサエティによると、サメ・エイの世界貿易額は10億ドルに達すると推定されている。サメに焦点を当てた観光は、毎年3億1400万ドルの価値があるとも推定されている。聴聞会では、フロリダ州選出の民主党下院議員ダレン・ソト氏が提出した海洋魚類保全法案の技術的改正案とカリフォルニア州選出の共和党下院議員エドワード・ロイス氏が提出した法案についても聴聞会で議論される予定で、そこではフカヒレ漁に対するさらなる規制が加えられることになりそうである。

（2018・4・22）

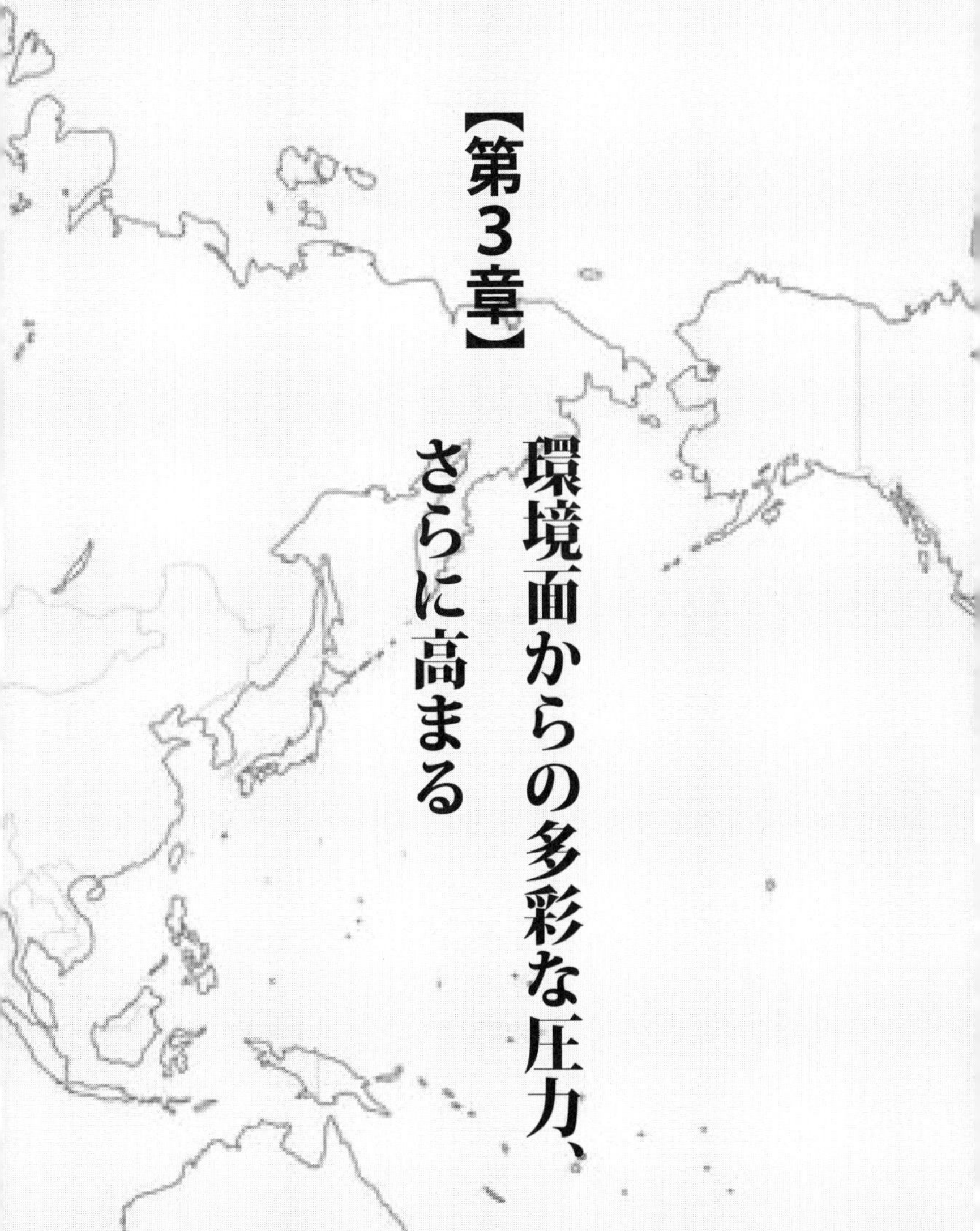

【第3章】

環境面からの多彩な圧力、さらに高まる

(62) バンコックの世界マグロ貿易会議・展示会

5月28～30日にバンコクで開催された第15回世界マグロ貿易会議・展示会に行ってきました。主催は、国連食糧農業機関（FAO）の水産業部門Globefishと連携するInfofishで、その本部はマレーシアです。共催団体は、タイ漁業省、タイ・マグロ産業協会、全米熱帯まぐろ類委員会、インド洋まぐろ類委員会、中西部太平洋まぐろ類委員会でした。50カ国から600人以上の参加者で、三日間のプレゼンテーション46名という大規模で包括的な会議でした。

各20分の持ち時間で、実質二日間会場内に缶詰状態でした。近年の水産業界の国際課題であるサステナビリティとトレーサビリティが主体となり、講演の多くは、缶詰原料となるビンチョウやキハダマグロの大規模漁業が対象で、様々なマグロ漁業会社、大手加工会社、業界団体、地域漁業管理機関（RFMO）、各国代表、NGOなどから繰り返し語られました。刺身マグロに関する講演は近畿大学水産研究所の升間所長によるクロマグロ完全養殖の講演が目立ちました。

初日のセッション1は、世界的な供給とサステナビリティ。FAO、国際シーフード・

サステナビリティ基金（International Seafood Sustainability Foundation - ISSF）、世界マグロ旋網機構（World Tuna Purse Seine Organization）、全米熱帯まぐろ類委員会(IATTC)、インド洋まぐろ類委員会（ＩＯＴＣ）の代表者が講演。

セッション2のタイトルは、業界の現状と最新情報。ここでもサステナビリティ、ＩＵＵ（違法・無報告・無規制）漁業、資源に過剰な負荷を与えない一本釣り漁業などが、世界自然保護基金（ＷＷＦ）、アメリカ合衆国国際開発庁（USAID）、持続可能な開発目標(Sustainable Development Goals)、国際一本釣り基金（The International Pole and Line Foundation）、タイ・マグロ産業協会(Thai Tuna Industry Association)、韓国新羅遠洋漁業会社、国営のモルディブ産業水産会社（MIFCO）などにより紹介されました。

二日目セッション3のトピックは、世界及び地方のマグロ貿易と市場情報で、米国マグロ缶詰大手のバンブルビー、スペインのマグロ缶詰協会（ANFACO-CECOPESCA）、その他ブラジル、オランダ、アジア・太平洋圏、ＥＵなどの市場動向が語られ、市場参入障壁となる集魚装置（ＦＡＤ）、延縄漁業、船上の労働問題、ＩＵＵ漁業の改善策が発表されました。

セッション4は、サステナビリティ、環境問題、エコラベルについての発表が行われました。加工場や船上での労働問題で厳しく責められたタイ・ユニオン社が改善策を発表しました。また小売り大手のウォルマート、米国トライ・マリーン、フレンド・オブ・ザ・シー、海洋管理協議会（ＭＳＣ）、ＩＳＳＦ、グリンピースなどが上記課題に対する取り組みを発表しました。

最終セッション5では、電子モニタリングによるオブザーバー・プログラム、刺身マグロの変色対策、ブロックチェーンによるシーフード・トレーサビリティなどの取り組みが発表されました。

外気の温度が37度で雨期という虫暑い天気の中、会議場内はエアコンの効き過ぎで上着を持参しなかったことが悔やまれました。そして振り返ると、市場の動向や、新製品の情報は影が薄く、世界の関心はサステナビリティとトレーサビリティの課題に集中しているとの印象でした。

（２０１８・６・３）

(63) 中国の水産物消費、豚肉を超える

電子商取引の巨大企業アリババによると、中国人が水産物から摂取する動物タンパク消

費が、国の好みの豚肉を上回った。ブリュッセルで開催されたシーフードショーの中国市場に関するセミナーで、アリババの生鮮食品電子商取引プラットフォーム天猫（Tmall Fresh）は、昨年９月の魚肉タンパク質の摂取量が豚肉のタンパク質摂取量を初めて上回り、９００万トンに達したと語った。ラボバンクによれば、世界中のすべてのブタの約半数が中国に存在していて、豚肉は中国の料理文化に深く根ざしているので、この発見は重要である。中国四大家魚と言われるアオウオ、コクレン、ハクレン、ソウギョの４種類の魚が最も一般的であるが、Tmall Fresh は、どの魚種が最も人気があるのかは言及しなかった。

２０１６年中国漁業年鑑によると、２０１５年に中国は１７００万トン以上の鯉を生産した。しかし、中国の海産物商社東海股份有限公司は、最も人気のある水産物はエビであり、鶏肉や牛肉よりも人気が高いとアンダーカレント・ニュースに語った。中国最大のえび会社湛江国聯水産開発は、２０２０年までに中国のえびの消費量が２００万トンを超えるだろうと最近語った。中国農業部によると、２０１６年に中国は６９００万トンの魚介類を生産したが、この数字は過大報告の可能性がある。

(64) GAA「グローバルシーフード保証」を立ち上げ

グローバル・養殖アライアンス（Global Aquaculture Alliance（GAA））は、養殖漁業全般の保証に関する市場および一般の期待に応えるための独立非営利団体であるグローバルシーフード保証（Global Seafood Assurances：GSA）を設立した。GSA が取り組む保証は、養殖および天然水産物の環境的責任、社会的責任、食品の安全性、動物の福祉に関するものである。

これらの保証は、世界水産物持続可能性イニシアチブ（Global Sustainable Seafood Initiative（GSSI））、世界食品安全イニシアチブ（Global Food Safety Initiative（GFSI））、および認知された企業の社会的責任との組み合わせによる基準となった第三者認証プログラムから導かれる。GSAは、上記のベンチマーク基準を満たし、且つ養殖または天然魚介類に関する包括的なサプライチェーン保証の一部を構成するなどの認証プログラムも受け入れる、とGAAは述べている。

GSAの活動は水産養殖と漁業に関する既存の認証基準の調和をもたらすものではなく、注目すべきはGSAが重要な保証を市場に向けて公式表明することを意図していることである。トレーサビリティ技術、データ分析、認証機関管理、会計などの管理指向の職務と業務指向の職務を組み合わせることで効率化を実現する可能性はあるが、各認定資格プログラムは独立して活動を続ける。

（２０１８・６・14）

(64) エルニーニョで不漁とイカ関税が悩みのカルフォルニア州鮮魚関係者

カリフォルニアで漁獲される他の遠洋魚種が困難に直面する中で、イカはカリフォルニア州の鮮魚部門にとって先週までは非常に明るい材料だった。２０１７年４月～２０１８年３月の漁期にカリフォルニア・ヤリイカ（ロリゴ・スクイッド）は６万８２１１トンの水揚げがあった。昨シーズンの３万８５１０トンと比べて、長年エルニーニョの影響で低迷した漁業の回復の兆候だった。

今漁期の第一四半期はおよそ８２００トンの水揚げがあったのだが、この分野の輸出市場である中国が、現行の輸入関税27％に更なる25％の関税を課すことになると、今シーズンの豊漁を手放しで喜べない、とアンダーカレント誌が報道している。この新関税率が施行される7月6日を前にして中国向けの注文がキャンセルされている。この問題の解決策は、マレーシア、インドネシア、フィリピン等の市場の再開発も考えられるが、中国がこれまでに輸入したような価格と数量を受け入れる市場はない、というのがカリフォルニア州のパッカーの理解である。

その結果、浜値が下がり、現在のトン当たり1000ドルが700ドル、あるいは500ドルまで下がる恐れがあるが、底値がどうなるのかは分からない。あるイカ加工業者によれば、中国はこれまで27%の関税を含めてトン当たり3500ドルで買っていたが、25%の関税が上乗せされると4500ドル以上になり、中国としても受け入れがたいだろう。加工業者は買付価格を引き下げることになるのだが、燃料が1ガロン4ドルもすることを考えると漁船が出漁するのか疑わしい。

貿易戦争に加えて、太平洋のエルニーニョ監視を米国海洋漁業局が発表したことも更なる懸念材料である。今夏のエルニーニョは安定と予想されているが、秋口から50%、冬には65%へと成長する可能性がある。この兆候はすでに表れていて、魚群の北への移動が確認されている。カリフォルニア・ヤリイカがオレゴン州水域で漁獲されるようになれば、エルニーニョはすぐ近くまで発達している証拠となる。カリフォルニア州の漁業者にとって、遠洋魚種の漁獲も良いとは言えない。カタクチイワシの漁獲も低迷しているし、サバも芳しくない。混獲は認められているが、マイワシ目的の商業漁業は禁漁となっている。
シーフード・ドット・コムの報道によると、米国産品に対する中国の制裁関税25％は、輸出用加工原料には課されない、と米国海洋漁業国が公表した。在中国米国大使館を通じた協議の結果、米国産の中国加工の再輸出用水産物と一部の魚粉は25％の制裁関税の対象から除外すると中国政府が発表した。

（２０１８・７・２）

(67) 水産業界の女性差別レポート、現状の不平等を強調

水産業における女性の国際組織であるＷＳＩ（International Association for Women in the Seafood Industry）は、水産業における女性の占める位置、役割、責任についての認識を求めた女性差別に関する調査の結果を発表した。この調査で、仕事における女性に対する差別、不利な労働条件、強い偏見、不平等な機会などが明らかにされた。意外なことに、これらの障壁は、とりわけ異なる職種を選択する自由や能力を持つ女性にとって、水産業界が女性には魅力的ではないことが判明した。２０１７年９～12月にオンラインで行われたＷＳＩの調査では、女性差別問題についての知識のギャップを埋め、この問題に関する

議論を推し進めることを切望する男女の水産業専門家から700の回答を集めた。

WSIの共同設立者であるメリー・クリスティーン・モンフォート会長はシーフード・ソース誌に語った。「究極の目的は、この課題に取り組む新しい方法を特定することでした。世界はすでに水産業界における環境の持続可能性の必要性を浮き彫りにしており、男女間不平等の緩和が間もなく議題の最前線になると考えています」。男女間の不平等の認識を報告している女性の割合は、男性の48%と比較して61%であった。結果の内訳は、NGOセクターの50%、そして水産業界の64%が不平等を報告するなど、いくつかの興味深い違いが見つかった。南米の回答者の64%が不平等を認識している一方で、スカンジナビア人は40%しか認識していないという大陸間での違いも認められた。

「スカンジナビアは、肯定的な意見が否定的な意見を上回る唯一の地域であり、デンマーク、アイスランド、ノルウェーが完全な男女平等に最も近い国の上位に位置づけた包括的な男女不平等指数に沿った結果となった」とモンフォート氏は語った。

職場でどのような男女差別の問題が議論されたかを問うと、差別と答えたのが女性の33%で男性は8%、職場の昇進機会では女性の49%、男性の32%が不平等と答え、職場の地位に選ばれる女性の少なさでは女性が39%で、男性は71%だった。世界の水産業界労働者のおよそ半分が女性で構成されているにもかかわらず、これが実態なのだ。献身的な資質を必要とする男女不平等に対す取り組みは優先順位が低く、その他の問題の方が議題を上回っている、と一部の回答者は報告した。

たとえば、米国や南アフリカなどの国では、男女の平等よりも人種の多様性に取り組むことに重点が置かれている。回答者の90％が言及したのは、水産業界に入る女性にとっての最大の障壁の1つは、学校レベルでの情報や勧誘がないことだった。

「強力な男女の規範と既成概念により、潜在的な女性候補者を漁業、養殖、エンジニアリングに向けることが教育顧問によって妨げられていて、これについて緊急な取り組みが求められる」と同報告書の共同著者ナタリー・ブリセニョ-ラゴスは語っている。大多数の回答者は、採用過程で無意識に偏見の影響を受け、職場環境はしばしば女性にとって不利であるという、女性への手本欠如が志を抑えたと考えてきた。このような状況が、男女不平等の悪循環を作り出し、状況の変化に関する男性の関心の欠如につながっている。

（2018・7・17）

(68) メロの代替魚はピラクル、アメリカの輸入業者が選ぶ

世界最大の淡水魚で、最大重量は200キロを超え、全長3メートルまで成長することができるピラルクの商業養殖はまだ小規模だが、この南米原産の魚は米国内で大きな可能性を秘めている。

米国市場最大の輸入業者のマネージャーは、アンダーカレント・ニュース誌に、彼曰く「アマゾンの新しいバス（スズキ）」に消費者はやがて眼を向けると考えていると語った。「人々はメニューに載せる新しい魚を求めている。ピラルクは、メロや他の高価なフィレとのギャップを埋める特別な商材である。

なぜならこの魚の価格はメロの約半額なのである。」2～4ポンドの個別に真空パックされたフィレは、卸売価格でポンドあたり8・05米ドルである。それに比べてメロの卸売価格はその倍で、複数のインターネットショップではポンドあたり34米ドルの小売価格を付けている。ピラルクは低脂肪で、魚肉は薄い赤みを帯び、しっかりした身質で、小骨がなく、独特なまろやかな味で、一般の魚の特徴とは異なる。焼き魚、煮魚、揚げ物、または刺身やセビチェのように、生でも提供できる。

前途の輸入業者マネージャーによれば、「わが社は現在、世界中でピラルクの最大輸入業者であり、この美味しい魚を信じており、海外市場に新商品を紹介してさまざまなキッチンに多様性をもたらすべきだと考えている。」

同社のピラルクは、既に米国全域のホールフーヅ店舗で販売されており、米国の消費者にはほとんど未知のこの魚を他の小売店や外食産業へ売り込むことを模索している。

「シェフがこの魚を受け入れるたびに、この魚の成功を実感してきた。シェフと共にチェーン店全体の流通における成功を収めた状況であり、背後に素敵なストーリーもあるので成長する可能性がある」とホールフーヅのマネージャーは述べた。

それでも、ピラルクの養殖量は少なく、ニッチな製品である。ブラジルとペルーが、ピラル

㉕メロの代替はピラクル

（出典は一覧表に記載）

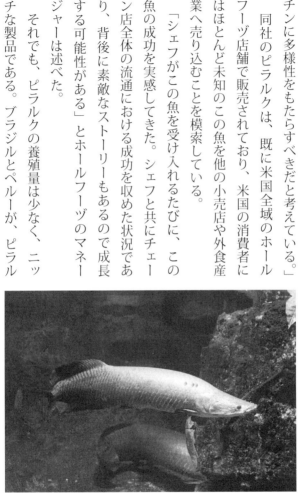

クの最大生産地であり、アマゾン地域の淡水域で漁獲され、養殖されている。ブラジルでの天然および養殖ピラルク生産量の合計は、年間最大5000トンであり、ペルーの生産量はそれよりはるかに小さく、輸出は年間80～100トンに達しない。ペルーの養殖ピラルクはほぼ100％が輸出用で米国に送られている。

製品が優れているため、潜在的な可能性を秘めているが、市場の発展は遅く、一部の理由としてピラルクの成長が遅いことが挙げられる。上記輸入業者は、フィレとポーションおよびセミドレスのピラルクを米国に、年間40フィートコンテナ4本を輸入している。海上貨物と航空貨物で配送される製品を提供している。

（2018・7・31）

(69) ビーガンシーフード（植物由来）は革新食品か？

複数の企業が美味なビーガンシーフード（植物由来のシーフード）の生産を始めている。私たちの多くがツナサラダやエビ拌麺を求める中で、「ビーガン化」したシーフードをこれから目にすることになるのだろうか。

SeafoodNews.Com によると、その日は思いのほか早く近づいている。多くの企業が食料品店の棚やレストランを目指してビーガンシーフードの売込みを競っている。

魚介類は世界で一番多く取引されている食品である。国連食糧農業機関（FAO）の推定では、海洋魚類資源の85％が完全利用、または過剰漁獲されている。毎年食用として利用される陸上動物６００億匹と比べて、毎年推定１５００億尾の魚を食糧として利用している。この推定値には、違法漁獲や混獲による何十億もの魚は含まれていない。

また、漁獲された魚の27％が「腐敗」として、処分されている。この永遠の生態学的課題である漁をどうすれば止められるのだろうか？一つの答えは、植物由来の食用魚介類の開発である。多くの新興企業が、ビーガンシーフード生産における先頭の地位を競っている。

ソフィーズ・キッチン社は２０１１年から大豆未使用グルテンフリーのビーガン・ツナを販売している。コンニャクで作られ、海塩と黒コショウの味付けである。このマグロ代替品は、ホールフーズやスプラウトなどの店で本物の魚の隣に陳列されている。２０１７年第１四半期から、２０１８年同期の間に売上高が72％と急増したことで、ツナ缶詰の隣にビーガン・ツナを並べたことが功を奏している。同社は植物由来のクラブケーキ、フィッシュフィレ、エビ、スモークサーモン、シーフード・ジャンバラヤなども製造している。

創業者のユージン・ワン氏は、クリーンラベルブランドとして同社の評判を築きたいと考えている。ラベルを読めば、その商品が馴染みのある自然素材で製造されていることを消費者が理解し認識できるのである。

グッド・キャッチ・フーズ社は2018年末までにホールフーズへ、ビーガン・マグロみじん切り、フィッシュフリー・ハンバーガーや植物由来のクラブケーキなどのビーガン製品納入を予定している。大豆、レンズマメ、エンドウマメ、ヒヨコマメ、シロインゲンマメ、ソラマメなどの高タンパク材料を使用していて、乳製品、グルテン、遺伝子組換え作物は使用していない。

ニューヨークのオーシャン・ハッガー・フーズ社は、寿司ネタ品質のビーガン・ツナを入手する場所である。アヒミ（Ahimi）と呼ばれ、世界初の植物由来の生マグロ代替品として宣伝している。セビチェ、ポケ、タルタル、そしてもちろん寿司にも適しているが、この製品の持ち帰りはできない。全米50のホールフーズの店舗で、ビーガン・ツナを使った寿司を注文する必要がある。デイビッド・ベンザクエンCEOは、「ほとんどの消費者は生魚の料理をしないので、この方法で販売することにした」と伝えている。

これらの企業および他の企業はそれぞれ、植物由来の肉代替品に関する現在の熱狂が美味しい魚介類にまで及ぶことを望んでいる。美味で持続可能に作られ、入手しやすく、価格も手ごろならば、消費者がこれらの食品を喜んで受け入れることは間違いない。

（2018・8・19）

(70) 中米貿易戦争、活ロブスター輸出でカナダが漁夫の利

中国政府と米国当局が互いの商品に課す主要関税は、中国国内でカナダ産活ロブスターの販売に拍車をかけている、とカナダCBCニュースが報告している。カナダ産活ロブスターの輸出業者は、中国への航空貨物の出荷台数が大幅に増加したと報告している。両国は、数週間にわたって互いの商品に大きな関税を投じている。米国と中国は、お互いの国から約5000品目の関税引き上げを行っている。

いずれの側も後退する用意ができていないようだ。中国は今月、600億ドル相当の米国製品の関税引き上げを発表した。この戦いは、カナダ産活ロブスターを供給するノバスコシアのロブスター産業にとってシェア拡大の恩恵をもたらすことが証明されている。米国製品に対する関税の急騰で、中国ではカナダ産ロブスターの価格が隣国アメリカ

のロブスターよりもはるかに安価である。中国人所有のFirst Catch Fisheries社総支配人Yang Xueは、「今年7~9月は、過去2年前より格段にシェアを拡大している」と語った。同社は現在ハリファックスから中国へ週三便航空便をチャーターしている。

中国が米国産ロブスターに対して25%の報復関税を課した最初の1カ月間でカナダの出荷は前年よりほぼ倍増した。カナダ政府の統計によると、中国への出荷は2017年7月の62万7000キロから2018年7月には125万キロ以上に増加し、輸出額は1200万ドルからほぼ2100万ドルに上昇した。活オマールロブスターの中国人輸入業者は最近、業界メディアに、25%の中国の関税を避けるために、カナダから輸入された米国産ロブスターが市場に豊富に流通していると語った。

㉖米国産ロブスター
（写真提供：ラングスター株式会社）

中国業界誌シーフードガイド（Seafood Guide）による９月８日付けの報道によれば、通常、夏から秋にかけて米国で漁獲される大量のソフトシェルロブスターが市場に安価で流通している。中国の大手輸入業者は、中国市場で売られているアメリカ産ロブスターはカナダを経由して輸入されているらしいと語っている。ところが中国国内のロブスター卸売価格は、中秋節や国慶節とは無関係に値上がりし、需要が減退しているとの報道もある。カナダ経由とは別に、ベトナムの密輸出業者が中国の関税を回避している。先週、中華人民共和国海関総署は、広西チワン族自治区東興市の税関職員がベトナムから中国へ密輸入された30万元相当の活ロブスターを押収したと報告している。

中米貿易戦争はアラスカのカレイ類の価格にも影響を与えている。ワシントン州のウォルマートで販売している天然カレイは８月22日時点で１ポンド４・95ドルだったが、10％の関税引き上げで５・45ドルとなり、25％の引き上げでは６・19ドルとなる。これと比べて、１ポンドのパンガシウスは３・69ドルで、「このような価格差は、平均的消費者が米国以外で漁獲された低価格の選択肢を選ぶことになるだろう」とアラスカ底引網業界の団体グランドフィッシュ・フォーラムのクリス・ウッドリー専務理事は警告している。

（２０１８・９・29）

(71) アイスランド水産業界は環境活動家と商業捕鯨で戦い

アイスランドは、国際捕鯨委員会の捕鯨禁止に反して商業捕鯨を認めている二つの国の一つであり、この島国を捕鯨戦争の最前線にしている、とABCニュースが報じている。アイスランドは数世紀にわたって捕鯨産業を育成しており、そのことに対する謝罪はしていない。アイスランドの捕鯨会社クバルル(Hvalur H/F)のマネージング・ディレクター、Kristjan Loftssonは、「アイスランドは漁師の国です。私たちは海を利用しているのです。」と語っている。

その一方で、環境保護と動物保護の活動家たちは、アイスランドや他の国で鯨が殺されるのを防ぐために戦っている。イギリスの海洋野生生物保護グループであるシー・シェパードのミッションをアイスランドで率いているのがロブ・リードである。このグループの任務の目標は、アイスランド・クバルルの捕鯨基地を恒久的に閉鎖することである。6~9月に解禁された捕鯨期間中には、昼夜を問わず、シー・シェパードのチームは、捕鯨基地を攻撃した。水揚げが来るたびに、シー・シェパードはその動画をライブ配信する準備をしていた」。

彼らはソーシャルメディアを使って殺された鯨の画像を共有し、国際的な抗議を呼び起こすのだ。「これは国際社会からの最大の圧力があることを確かめるだけでなく、国内で報道されることも無いのが現実であり、アイスランド国内の人々からも最大の圧力がかかるように圧力をかけている」とリードは語った。

しかし、１９７７年にワシントン州で設立されたシー・シェパードは、論争の歴史を持っている。エコテロリストと呼ぶ者もいる。彼らは、アニマルプラネットの現実シリーズである「捕鯨戦争（Whale Wars)」で、南極近くの日本捕鯨船と衝突して悪名をはせた。１９８６年には、シー・シェパードはアイスランド捕鯨船二隻を沈めた。今日、彼らの戦術は弱まっているが、アイスランドでの標的は相も変わらずアイスランド有数な金持ちのクバルルとロフトソンである。ロフトソン氏は「彼らは悪質で、やりたいことがあれば、それを実行する」、と「ナイトライン（アメリカ

㉗シー・シェパードのボート
（写真提供：日本鯨類研究所）

ABCニュースの報道番組。)」に語った。ロフトソン氏の父親が1947年に始めたクバルルは、世界で2番目に大きな動物であるナガスクジラを捕獲する唯一の鯨捕会社である。今シーズン、ロフトソンのナガスクジラ捕獲割当は最大193頭であった。彼は、クジラは再生可能な資源であると信じている。「資源が空になる炭鉱と同じだとは考えていないし、若いクジラもいて数も増えている資源だ。このまま捕鯨を続けることはできる。」と述べた。「もし地球最後の鯨だったら捕獲はしないし、私がそれに触れることはないだろう」と彼は言った。

ナガスクジラは、国際自然保護連合(IUCN)によれば世界規模で絶滅危惧種に指定されているが、アイスランドの科学者は地元の個体数は安定していると言っている。海洋・淡水研究所の研究員であるギスリ・バイキングソン氏によると、最近の調査ではアイスランドの水域で約4万頭が生息していると報告されている。

(2018・10・21)

(72) テキサス州南部のエビ漁業者、労働者不足で水揚げ不振

米国テキサス州リオ・グランデは水産物の産地として知られているが、昨年と比べて今

シーズンのエビの水揚げは少なかった、と最近のシーフードニュース・ドット・コムが報じている。地元のエキスパートやエビ漁業者は、業界は多くの問題を抱えていると言っている。漁師の不足から輸入エビとの競争に至るまで、業界のリーダーはテキサス州の首都オースティンとワシントンＤＣの国会議事堂で声を上げている。

ブラウンズビルの漁師チャールズ・シャイラーにとって、今年のエビ漁獲量はそれほど悪くはなかった。「正直言って、これまで以上に多くのエビを漁獲した。しかし、収入は減ってしまった」。

彼はブラウンズビルから４５０マイルほど離れたテキサス州ポートアーサーでエビ漁を行ってきた。「ここリオ・グランデ・バレーで漁が良かった漁師は少なかった」とシアーは語った。

「今年は去年と統計的に比較して、昨年の数字よりおよそ14％少なかった。」とテキサス・エビ協会のエグゼクティブディレクター、アンドレア・ハンス（Andrea Hance）は語った。ハンス氏によれば、昨年のシーズンに比べて、今年はリオ・グランデ・バレーで漁獲されたエビは少なかったという。「決して危機的数字ではないが、これはエビ資源量の減少によるものではなく、労働力の不足がより深刻な懸念材料となっている」と述べた。エビ業界の指導者や地元のエビ漁業者は、外国人季節労働者を増やすことが事実上エビ業界の支援になるだろうと述べている。

テキサス・エビ協会は、7月に始まるピークシーズンには、1日あたり約100万ドルが失われたと述べている。

ブラウンズビル港のエビ卸売業「ザ・シュリンプ・アウトレット」の所有者であるチャールズ・バーネル氏は、「漁船で働く人間（アメリカ人労働者）は勤勉でなく、すぐ辞めてしまう」と語った。彼らは一生懸命に働かず、業界にとって大きな障害となっている。」バーネル氏とエビ協会は議会がエビ漁船で働く外国人労働者を増やすための法律制定の必要性を互いに認めている。業界の指導者は、連邦政府が定めた外国人季節労働者6万6000人の人員制限を拡大する必要があると述べている。「外国人労働者は漁の仕方を知っているし、塩水を血にめぐらしていて、仕事をする方法を知っている」と、ハンス氏は語った。

（2018・10・20）

(73) アメリカ人の肉嗜好は輝きを失い始めているか？

新しい調査によると、多くのアメリカ人が健康や経済状況を懸念して、赤肉や加工肉、さらには家禽や魚の消費量も減らしている、と米国で配信されている医療関連情報HealthDay Newsが報道した。アメリカ人はまだ健康専門家が推奨するよりも多くの肉を食べている。ボルチモアのジョンズ・ホプキンス・ブルームバーグ公衆衛生学部の科学者によると、肉の大量消費は人間の健康と環境に悪影響を及ぼしているという。

この調査のために、研究チームは、過去３年間にわたって食肉消費と食生活に関する消費者の見解を調査するために米国の成人１１１２人の追跡調査を実施した。研究者らは、調査回答者の66％が少なくとも1種類の肉の消費を減らしていることを明らかにした。「多くのアメリカ人は引き続き肉類に対する強い嗜好を持っているが、この調査で、人口のかなりの部分が菜食主義者やビーガンになることなく意図的に肉の消費を減らしている兆候が増加している」とブルームバーグスクール環境衛生工学科助教授で今回の調査リーダーであるロニ・ネフ（Roni Neff）女史は述べた。

「この調査結果が、消費者の健康、食費、そして環境に対して良い形で肉の消費を減らすための一助となるような意識向上キャンペーンやその他の介入の開発に役立つことを期待している」、と同大学の報道発表でネフ助教授は伝えた。調査対象のうち、55％が加工肉の消費を減らしていると答え、41%が赤身肉の消費を減らしていると答えた。37%は鶏肉や魚介類の消費を増やしたと回答した。64%が購入量を減らすことで、42%は肉なしの食事で、32%は肉を食べない日を決め、9%は肉食を完全に断つことで肉の摂取量を抑えたと回答した。

肉のない食事を食べる人の大部分は、代わりに野菜を選ぶと報告した。肉の代替品には、チーズと乳製品と卵が含まれていた。45歳から59歳までの調査回答者は、18歳から29歳の若い成人の一種類以上の肉の摂取量を減らす可能性が2倍であった。そ

㉘肉の好きな人は多い

（出典は一覧表に記載）

して、女性は男性より少量の肉を食べる傾向が強いことが明らかになった。ほとんどの場合、回答者は、お金を節約すとか、健康を守るために肉を減らしたと答えている。

年間家計収入が2万5000ドル未満の人は、収入が7万5000ドルを超える人よりも、肉、鶏肉または魚を減らす傾向が強い。子供のいる両親は、子供がいない大人より少量の肉を食べる傾向があることを研究者は指摘した。動物の福祉や環境に対する懸念から食事時に肉を減らすことを決定した人は少なかった。肉の摂取を抑制しないことを選択した人々は、肉は健康な食事に不可欠であると感じている。

（2018・11・5）

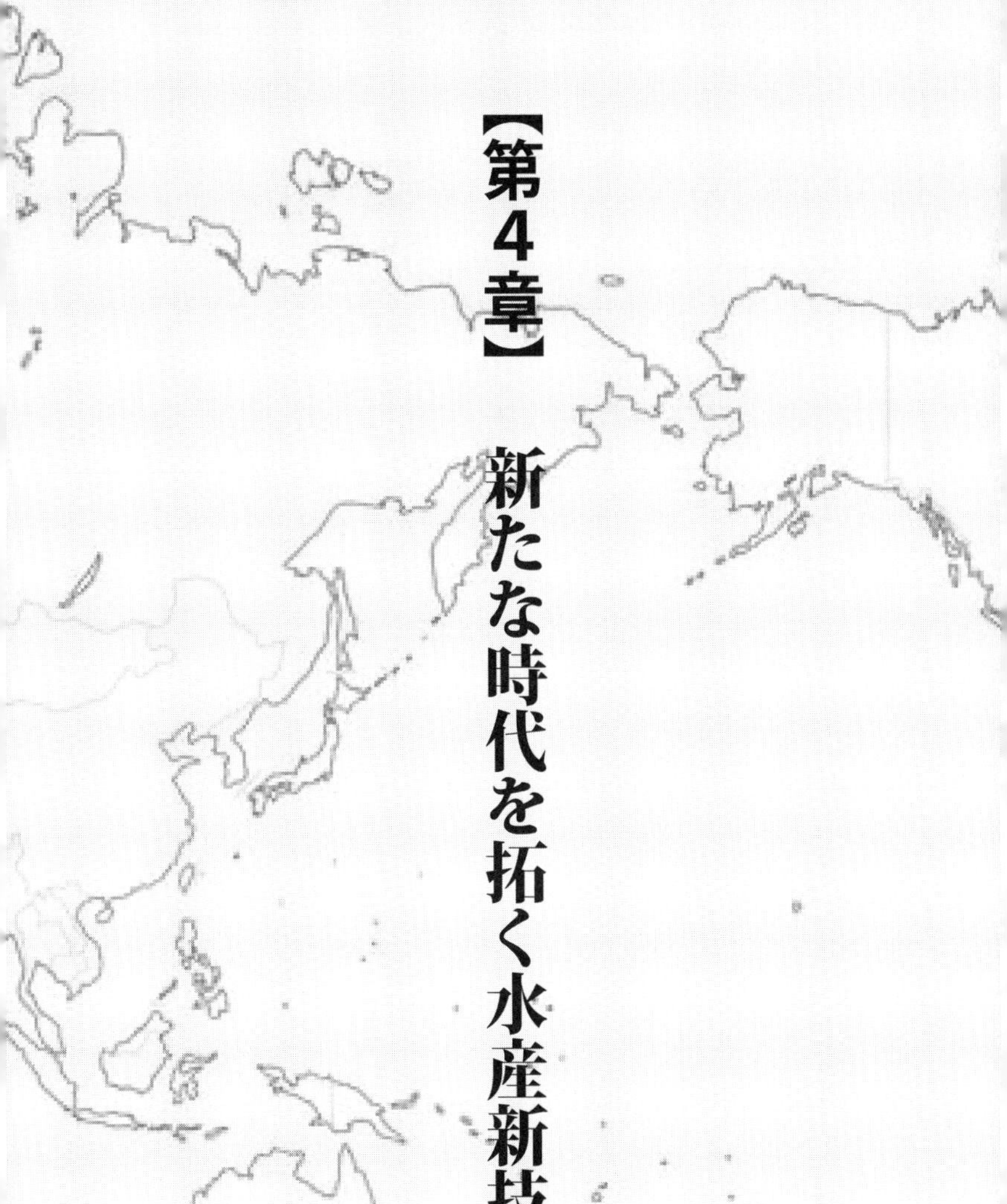

【第4章】新たな時代を拓く水産新技術

(74) エコラベルは、裕福な人々を良い気分するためのものなのか？①

「環境保護団体によるエコラベルは、裕福な人々を良い気分にさせるためのものなのか？」とリッチモンド・ニュースは問いている。

良心的な消費者であれば、魚を買うときやレストランでシーフードを注文するときに、持続可能なシーフードラベルを探すことができる。例えば、食料品店でマグロを購入するときには、海洋管理協議会（ＭＳＣ）のラベルを探すことができる。

カナダ・バンクーバー水族館のオーシャンワイズ（Ocean Wise）やカリフォルニア州モントレーベイ水族館のシーフードウォッチ（Seafood Watch）のアプリを使って、どのレストランがエコ認定の水産業者を使用しているかを知ることさえできる。そして最近、シーフードのエコラベルと推奨プログラムの混同があり、時として混乱を招きかねない。その中には、互いに矛盾するものがあり、とりわけオセアナ（Oceana）のようなエコ監視組織によって特定された誤表示や偽装表示があると平均的な消費者が信頼できるエコラベルを知ることは難しいかもしれない。

カナダ・フレーザー川のベニサケをＭＳＣとオーシャンワイズは可と言い、グリーンピースのレッド・リストは不可と言う。カナダ・ブリティッシュコロンビアの養殖アトランティックサーモンを水産養殖管理協議会（ＡＳＣ）は良いと言うと、シーチョイス（SeaChoice）とオーシャンワイズは良くないと言う。

その一方で、シーフードウォッチはブリティッシュコロンビアの養殖アトランティックサーモンを．その中間のイエローカードと評価し、それは持続可能ではない恐れのある他の養殖サーモンや天然サーモンの良い代替物であることを意味する。

競合する保護団体によるエコ認定をめぐる意見の不一致は、エコ・ラベル活動全般に及ぼす問題の１つに過ぎない、とワシントン大学の漁業科学者であるレイ・ヒルボーン教授はとらえている。

未承認の小規模事業者が漁獲した魚よりもエコ認定された魚の方がより持続可能であるという間違った安心感を消費者に与えることが事態を混乱させている、と考えている。「例えば、アラスカのスケトウダラはＭＳＣの認証を受けているが、モンテレーベイはイエローカードで良い選択肢であるが最善の選択とは言えず、グリーンピースはレッドカードである」ヒルボーン教授は言った。

彼はまた、ニュージーランドのホキはMSC認定されているが、世界自然保護基金（WWF）

のニュージーランド支部で支持されているフォレスト・アンド・バードのシーフードガイドによって「食べるな」と評価されている。ＭＳＣがＷＷＦによって組織化されたことを考えると、この矛盾は本質的にＷＷＦの支部が親組織に対抗していることになる。

乱獲による漁業資源をいくつかの政府が食い止められない中で、MSCやシーフードウォッチのようないくつかの環境保護団体が環境保護認証制度やシーフードガイドなどの制度を開発した。そうすることで、彼らは漁業管理者として新しいプレーヤー、つまり消費者を巻き込んだのだ。小売業や外食業界では、認定された魚介類のみを販売または提供するように圧力がかかった結果、持続可能な水産物認証を受け入れる圧力が漁業にもたらされた。ヒルボーン教授は今、それを業界の一種として認識している。「ある環境保護団体は、エコラベルを販売して稼いでいる。多くの小売業者が購入可能な魚を認知してもらうためにNGOに金銭を支払い、それがＮＧＯにとっても利益の中心になっていて、今ではビジネスとなっていることが、私が確固たる懸念である。」と同教授は語っている。

（２０１８・11・12）

(75) エコラベルは、裕福な人々を良い気分するためのものか？

②収益上げる環境団体

環境保護団体によるエコラベルは、裕福な人々を良い気分にさるものなのか？　とリッチモンド・ニュースは問いている。

ある環境保護団体は、２０１６～17会計年度に３３５０万ドルの収益を上げ、そのうち76％（２５５０万ドル）がロゴライセンスに由来している。販売手数料から利益を得ていないと同団体は述べていて、第三者評価のために支払われた手数料は、同団体ではなく評価者に支払われている、と言っている。「手数料全額はMSCプログラムに再投入されている」と同組織は述べている。

ワシントン大学のレイ・ヒルボーン教授は、１９９０年代から世界の漁業管理方法が改善されていると認めているが、エコラベルではなく、世界中の政府や国際条約、水産科学と管理の向上が大いに貢献している、と述べている。

世界の海産物漁獲量の約12％がＭＳＣ認定を受けている。また、MSC認証は主に先進国の消費者を対象とする傾向がある。これは単に、富裕層の人々の気分を良くするためのものだ。世界の人々の大部分にとって、マグロにサメの混獲があるかどうかについて気に掛けるほどの余裕はない。人々が気づいていないのは、地中海を除く世界中の、とりわけ漁業が管理されている先進国のすべてで水産資源量が増加していてことである。カナダ、米国、オーストラリア、ニュージーランド、北ヨーロッパ、ロシア、日本では、多くの主要資源が増加している、とヒルボーン教授は述べた。

「なぜこれらの国々で資源が増加しているのだろうか？ 政府が科学プログラムや管理プログラムを導入し、実際に漁業を集中的に管理し始めたからだ」。

同教授は、大西洋のクロマグロなどの一部の魚種に大衆の圧力をかけることによって、環境保護団体が前向な影響を与えていることを認めている。

しかし、その大部分において、消費者を巻き込むことでは、世界の漁業管理方法に大きな影響を与えていないという。「私の個人的な経験では、殆どのＭＳＣ認証は漁業の実際の仕組みを変えていない。彼らがしたことは、科学的研究を行うために、あらゆる種類の書類作成が必要になったということである。しかし、根底で起こっていることを特に変えているわけではない。」

一方で、オーシャン・ワイズの科学者アラスデア・リンドップ（Alasdair Lindop）は、政府が管理しているのは２００海里排他的経済水域内の漁業だけであることを指摘した。そこを除いた公海は政府の管轄外である。オーシャン・ワイズ、シーフード・ウォッチ、MSCなどの環境保護団体が公海で活動している漁業に圧力をかけていなければ、施行するのが困難と思われる国際条約に署名することを除いて、政府ができることはほとんどない。オーシャン・ワイズのプログラムマネージャー、ディアデュレ・フィン（Deirdre Finn）は、非常に多く存在するエコラベルの開発理由は消費者の需要だと語った。

良心的な消費者は、彼らが食する魚が持続可能で倫理的な方法で漁獲された魚であることを知ろうとする。「20～25年前、実際に存在するものは何もなく、その成長過程を見てきた。なぜなら、人々は食料品店やレストランでエコラベルを探し求めるからだ」とフィン氏は語っている。

エコラベル認証は、はるかに包括的かつ高額なプロセスである。ＭＳＣは、第三者検証システムを使用しており、第三者検証システムは12～18ヶ月かかる場合がある。漁船は、必要な基準をすべて満たさなくても認定を受けることができるが、認定を維持するための改善が期待され、認定された企業は、独立した評価者による評価と年間監査の対象となる。しかし、ＭＳＣ認証の取得が、魚を捕獲した漁船が認証されていない小規模漁業よりも持続可能であることを意味しているのだろうか?·場合によっては、逆の場合もある。

例えば、一本釣りのマグロ漁業は、MSC認証を持つメキシコのマグロ大型巻網漁業よりも持続可能であると言える。多くの小規模漁業はＭＳＣ認証を必要とせず、金銭的な余裕もなく、認証を求めているわけでもない。だからと言って、彼らが持続可能な漁業への努力を怠っているわけではないのである。

（２０１８・11・24）

(76) カリフォルニア州の大火災で火傷の動物、ティラピアの皮で治療

シーフードニュース・ドット・コムの最近の報道によると、カリフォルニア州の獣医師が動物の火傷を魚の皮で治療している。カリフォルニア大学デイヴィス校の獣医医療教育病院は今週、ＶＣＡヴァリー・オークの獣医師と協力して、カリフォルニアで最も致命的で最も破壊的な最近の大火災で火傷を負った動物を治療すると発表した。今のところ４匹の犬と４匹の猫が、滅菌したティラピアの皮でその火傷の治療を受けている。

デイヴィス校の獣医医療教育病院の統合医療サービスのチーフ、ジェイミー・ペイトンは、「動物のための熱傷治療の改善を試みていて、ティラピアの皮は、痛みの軽減と患部

保護を提供する皮膚代替物として作用し、創傷の治癒に大変役立っている。」と伝えている。デイヴィス校のプレスリリースによると、処理されたティラピアの皮は、治癒タンパク質であるコラーゲンを焼けた皮膚に転移させる。

魚の皮はまた、「動物にとって非常な苦痛となる頻繁な包帯の取り換え回数を減らすことができる。」このユニークな治療法は、２０１７年12月にカリフォルニア南部で出火した大火災で火傷を負った2頭のクマとマウンテンライオンをペイトンのチームが治療したことで1月に大きな記事になった。

ペイトンのチームは、熱傷を患った足に滅菌したティラピアの皮を縫い付け、動物が食べても無害なライスペーパーとトウモロコシの殻でできた包帯で患部を覆った。この治療法のおかげで、新しい皮膚が早期に足で生着することができた。クマの治療を行っていた獣医チームは、ティラピアの皮を縫合していたが、別の大火災で火傷を負った猫の治療では麻酔が危険すぎるので実際には「小さな魚のミトン（くつ下）」を使用した。ペイトンは、フィッシュミトンのおかげで、傷の治癒と「痛みの軽減向上」を確認できたと話している。

一方、水膨れなどの2度熱傷を患っている8歳のボストンテリアのミックス犬は、ティラピアの皮膚包帯のおかげで、５日間で脚の患部に新しい皮膚が生着した。獣医師のチームによると、通常、重度の火傷の場合は皮膚が生着するには数週間かかる。この技術に関する特許出願が提出されており、チームはより多くの動物を癒すためにこの技術を他の獣医に提供したいと考えている。

フランスの小売業者Auchanは、同国北部の店舗52店舗で「昆虫飼育」の養殖マス販売を開始したと発表した。同社は2019年末までに、トラウトサービス（Trout Service）社が生産した魚をフランスの全店舗に展開する予定である。魚売り場で入手可能なこのトラウトは、野生の魚資源への圧力を軽減して、水産養殖の重要性を強く意識した材料と共に、持続可能な魚として宣伝されている。魚売り場では、イノバフィード社（InnovaFeed）が飼育した昆虫から作られ、スクレッティング社（Skretting）が魚の飼料に取り入れた、革新的な飼料を説明する広告も付随している。Auchan社はまた、このイニシアチブを説明するための「専用の教育的インターネットサイトnourrialinsecte.com」を作成した。この製品の全パートナーはフランス北部の地元に拠点を置いているが、Auchan社は世界的な影響を期待している。

（2018・12・12）

⑺⑺ ペスカタリアンの食事とは何にか、メリットは？

ペスカタリアンの食生活は、地中海スタイルの食生活とよく似ている。どちらの食生活も、果物、野菜、ナッツ、全粒粉などの摂取を勧めるが、その違いは、ペスカタリアンは肉類を避けて海産物を動物性タンパク質の主な供給源にしていることである、とニューヨークのメディカル・デイリー誌が伝えている。ペスカタリアンとは、牛・豚・鶏などの動物の肉は避けて、魚介類を食べる菜食主義者を指す。

一般の菜食主義者（ベジタリアン）やビーガン（動物由来の食材をすべて排除する菜食主義者）が直面する共通の問題点は、主に動物性タンパク質の形で摂取するビタミンＢ12の欠乏である。しかし、たった1回の魚の摂取が、ペスカタリアンが必要な毎日のビタミンＢ12の摂取に役立つのである。

シーフードはオメガ３脂肪酸の優れた供給源であり、心臓の健康改善に関連していることが知られています。「オメガ３脂肪酸は体内の炎症を減少させ、血圧とトリグリセリドの両方を低下させる可能性がある」と登録栄養士のジョージア・ラウンダーはウーマンズヘルス誌に語った。

サーモン、サバ、ニシン、レイク・トラウト、イワシ、ビンチョウマグロなどはこの脂肪酸を多く含んでいる。国立衛生研究所が指摘しているように、週に1～4回のシーフードを食べる人は、心臓病で死ぬ確率が低くなる。

これは、魚に不飽和脂肪が含まれていることに起因している可能性があり、不飽和脂肪は、健康な心臓のための栄養素なのである。一方で、特に加工肉は、より多くの飽和脂肪を消費するので、主に肉から蛋白質を得る人は、コレステロールの値が高くなる危険性がある。

2015年の調査では、ペスカタリアンの食生活は食肉摂取者と比較して結腸直腸癌の危険性が43％も低下していた。肉消費そのものが癌の危険性を高めるかどうかを知るためには、より多くの研究が必要である。しかし、直火焼きやバーベキューなどの高温の調理法は、癌を引き起こす化学物質を生成する可能性があることも知られている。

ペスカタリアン食生活の潜在的な欠点として、汚染の危険性に注意する必要がある。これは、ハーバードT・H.チャン公衆衛生校のエリック・リム氏（Eric Rimm）によると、特に妊婦、授乳中の母親、および幼児が対象となる。

これらのグループには、水銀などの毒素を含んでいる可能性が高い、より大型で長寿命の魚（マグロ、サメ、カジキなど）を避けるように忠告されている。
さらに、購入する魚は持続可能な供給源であることを確認することも重要である。モントレーベイ水族館のシーフードウォッチは、環境への悪影響をできるだけ減らすための選択肢を強く推奨している。登録栄養士でToday's Dietitian（今日の栄養士）誌の栄養編集者シャロン・パーマー（Sharon Palmer）氏は、「ペスカタリアン食は毎食時に魚を食べなければならないという意味ではないと顧客に教えることが重要で、ベジタリアン・ラザニア、コーンブレッドと野菜のチリ、玄米と豆腐野菜炒めなどと共に、週に数回の魚を中心にした食事を楽しむ、という意味だ」と語った。

（２０１８・12・23）

(78) 中国、漁業規則策定で勢力を増強に

シーフード・ソース(SeafoodSource)の報道によると農業部水産管理局の副局長であるリウ・ジョンシン(Liu Zhong Xin)氏は、北京を拠点とするグローバル・タイムス誌（Global Times）とのインタビューで、中国は最終的に国際漁業に関する世界規則の「策定者」に

なると述べた。スペインや日本のような伝統的な漁業勢力が水産業から撤退していることから、中国遠洋漁業の優位性が世界規模で高まっていると同氏は語った。

しかし、リウ氏は、スペインや日本、そして他の先進国が遠洋漁船に対する助成金の制限を展開させてきたことについて言及しなかった。中国は、昨年アルゼンチンで開催された世界貿易機関サミットで助成金廃止動議を妨げたのである。遠洋漁業に対する助成金の廃止は、世界の水産資源の持続可能性を確保するために不可欠であるとみなされており、漁業国にとって平等な競争の場を創出するために不可欠であると考えられている。

しかし、中国は世界の漁業の発展をどう進めるべきかについて異なる考えを持っているようである。貿易と投資に対する中国の取り組みは、すでに規則の見直しと国際漁業規則の修正を実質的に進めている。ルールセッターとしての中国の台頭は、中国の経済力、及びそれに関連した水産物、船団の規模、進行中の船団近代化、そして国内市場の飽くなき水産物需要に起因している。

中国の投資に飢えている発展途上国もまた大きな役割を果たしている。中国は、世界中の国々で主要な貿易相手国として、そしてしばしば主要な投資国家として浮上してきた。去年、中国漁業当局は、フィジー、ガーナ、マダガスカル、リベリア、モザンビークなどと協定を結び、中国の底引網船団の参入と引き換えに新しい港や水産加工施設、造船所を約束した。更に、これらの国々で減少した海洋資源を補う形で養殖の研修も提供している。

このような取り決めは、多くの場合、融資、社会基盤、および資源を含み、より複雑な国家間の関係の一部である。そのため、加盟国に中国の立場を支持するよう強要することができ、このような取引は明らかに国際的な統治機関を超えて利用できる。

中国青島の漁業博で、過去５年間で、中国の水産物輸出は２％増加したが、輸入は７・２増加していて中国の貿易開放は水産物輸出国に恩恵をもたらしてきたと伝えられた。中国はまた、養殖分野の拡大を通じて世界の食料安全保障を確保する一助となってきた。それは今や世界の水産養殖生産高の３分の２を担っている、とも伝えられた。

中国の漁業会社は国際的な枠組みの中で操業して

㉙外国漁船に放水する日本の取締船
（水産庁の資料から）

いるし、漁業会社による違法行為に厳しく対処するために国際的な協力を約束したという。3年間で遠洋漁業会社の数を8社に、遠洋漁船隻数を21に減らし、中国企業15社がブラックリストに載せられ、補助金へのアクセスを奪われた、とも伝えられた。

しかしながら、他国旗を掲げて航行している多くの中国漁船、あるいは地元企業として登録されている漁業会社数を確認、或は監督しているのかは不明である。最近の例としては、環境正義財団(Environmental Justice Foundation)の報告書で最近明らかにされているように、ガーナの国内法を無視していると文書化された中国所有の船もある。中国の水産資源保護に関する公の声明と、遠洋漁獲努力による加工量の増大や、高付加価値事業の成長を含む中国業界の壮大な計画との間の不一致ついても言及されていない。

世界の漁業部門が直面している大きな課題は、世界の漁業管理制度を統制する規則を再構築しようとする場合、中国の出方である。アジア開発銀行(および世界銀行)を、北京を本拠として世界規模で資金提供を行っているアジアインフラ投資銀行に取って代えたように、中国は制度の見直しまたは変革を選択するのだろうか。政府の制度と同様に、中国の漁業関連取引はしばしば不透明または秘密主義であり、漁業や世界貿易に関連しているため、中国の指導者たちが彼らの戦略を公表することはほとんどない。(2019・1・21)

(79) ホールフーズ、水産養殖飼料基準の見直し
閉鎖循環式養殖（ＲＡＳ）に課題提供（その１）

世界最大の有機および天然食品小売業者の１つであるホールフーズ・マーケットは、販売する水産養殖魚製品に与えられる飼料の基準を見直しており、採用基準の変更によっては北米の養殖業者の事業を難しくする可能性がある、と最近のアンダーカレント誌が報道した。

最も懸念されるグループは、サーモンやその他の魚の陸上生産者である。閉鎖循環式養殖システム（ＲＡＳ）で魚を育てるには、多額の開発費および技術コストがかかり、これらの企業は一般的に自社製品にプレミアムを請求する必要がある。しかし、RAS生産者は、海面養殖生簀で魚を成長させるよりもよりクリーンでより持続可能な取り組みであることを訴求することができるという利点も持っている。

ところが、米国、カナダ、英国にある５００か所のホールフーズ店舗によって管理される基準を上回る基準を訴求してまで、ＲＡＳ生産者が参入を切望するような魚商や冷凍庫

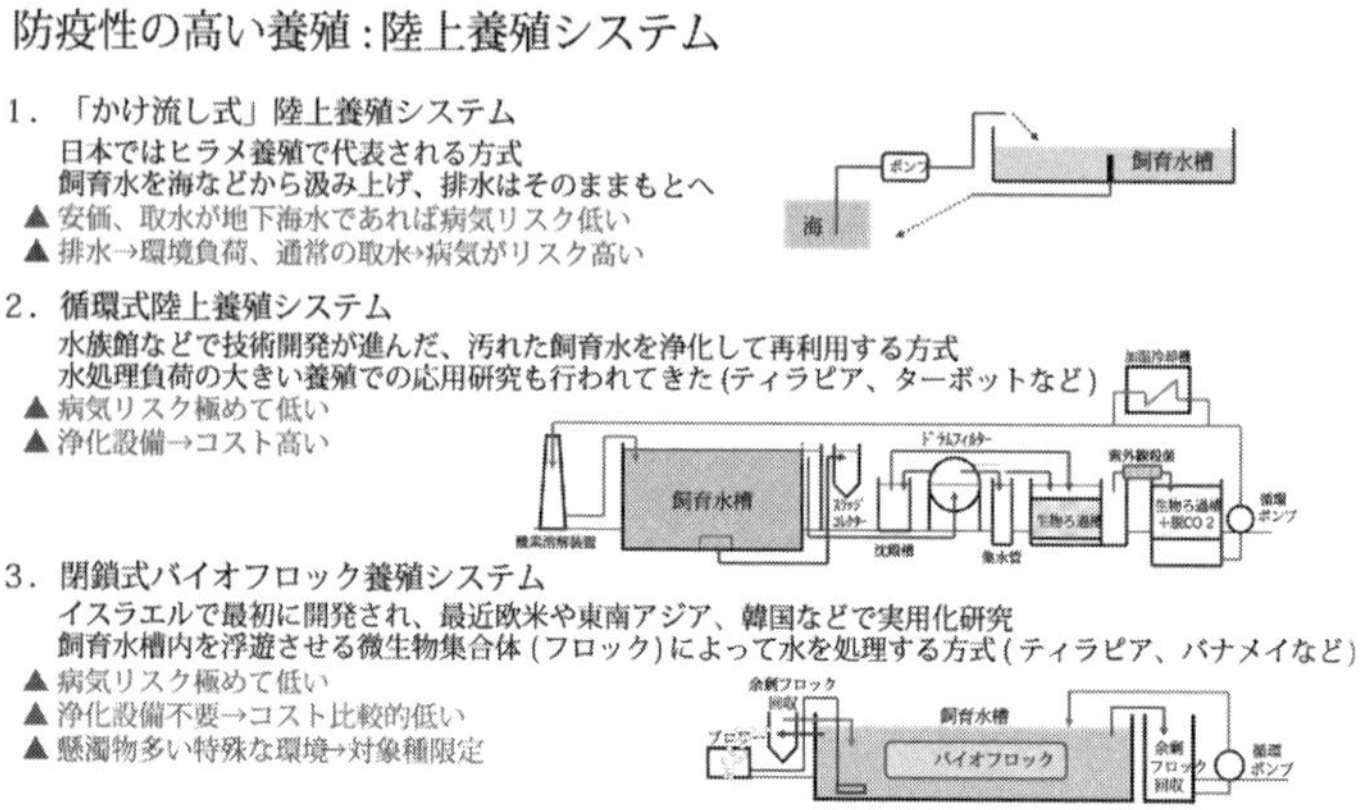
防疫性の高い養殖：陸上養殖システム
1．「かけ流し式」陸上養殖システム
日本ではヒラメ養殖で代表される方式
飼育水を海などから汲み上げ、排水はそのままもとへ
▲安価、取水が地下海水であれば病気リスク低い
▲排水→環境負荷、通常の取水→病気がリスク高い
ポンプ
飼育水槽
海
2．循環式陸上養殖システム
水族館などで技術開発が進んだ、汚れた飼育水を浄化して再利用する方式
水処理負荷の大きい養殖での応用研究も行われてきた（ティラピア、ターボットなど）
▲病気リスク極めて低い
▲浄化設備→コスト高い
加温冷却機
ドラムフィルター
紫外線殺菌
飼育水槽
沈殿槽
集水槽
生物ろ過槽
循環ポンプ
3．閉鎖式バイオフロック養殖システム
イスラエルで最初に開発され、最近欧米や東南アジア、韓国などで実用化研究
飼育水槽内を浮遊させる微生物集合体（フロック）によって水を処理する方式（ティラピア、バナメイなど）
▲病気リスク極めて低い
▲浄化設備不要→コスト比較的低い
▲懸濁物多い特殊な環境→対象種限定
余剰フロック回収
飼育水槽
バイオフロック
循環ポンプ

㉚閉鎖循環式養殖の図・下の２と３
（資料出典：日本水産株式会社）

は存在しない。年商約160億ドルのホールフーズは、選択的であり、消費者にとってより健康的で環境に配慮した高品質であることが認識されている製品に対してその対価を支払う意思のある顧客を抱えているのである。そして、アマゾンがホールフーズを買収したことにより、オンラインの巨人が惣菜食品の販売を強化することで、有機食品と自然食品の販売の重要性が高まることが約束されている。

しかし、ホールフーズの店舗で販売スペースを勝ち取ることは、間もなくさらに困難で高価な提案になるかもしれない。先月初め、マイアミで開催された、淡水研究所と保護基金のアクアカルチャー・イノベーションワークショップで、ホールフーズの世界的なシーフード品質基準コーディネーターであるキャリー・ブラウンスタイン氏は、38ページからなる養殖魚やエビ製品に関する規則に含まれる飼料基準の見直しを同社が進めていることを明らかにした。

ブラウンスタイン氏は、自社の厳しい要件が自社製品に対してより高い料金を設定できるのではないかと参加者に語ったが、ホールフーズの顧客でさえ価格に関しては限界があると警告している。ホールフーズの基準は、防腐剤不使用や一酸化炭素処理無しなど、ありのままの水産物、そして最高品質の水産物に関するすべての基準を含む包括的な基準であり、ホールフーズの顧客は、この基準を満たしたシーフードに対してプレミアムを払うことになる。

しかし問題点もある。顧客はホールフーズの基準を本当に評価し、持続可能性の観点からホールフーズが達成しようとしている努力への支持を定期的に表明していると思われるが、ホールフーズの顧客がいかなる対価をも支払うという誤解がある。

（2018・2・18）

(80) ホールフーズ、水産養殖飼料基準の見直し
閉鎖循環式養殖（RAS）に課題提供（その2）

遺伝子組換え穀物は禁止されるのだろうか。ホールフーズの2014年版現行水産養殖基準では、魚やエビに与えるすべての飼料が米国食品医薬品局（FDA）の基準に準拠していなければならず、抗生物質、寄生虫駆除剤、ホルモンも未使用でなければならない。魚の着色用に使用する飼料中の色素や、ストレス抑制剤、抗酸化剤などは非合成原料由来でなければならない。これらの要件は、同社養殖基準の最新版の一部として変更される可能性はほとんどない。しかし、遺伝子組換え（GMO）トウモロコシ、大豆またはアルファルファで作られた飼料に関する規則は変更の可能性がある。

ホールフーズは現在の基準でGMOの魚を販売することはないが、餌料の情報が現行基準に従って表記されている限り、GMO穀物を与えられた魚を提供できるのである。同じ基準を必要としない他の顧客向けに魚を飼育している場合、供給業者は、魚または使用す

る飼料の混入を防止する仕組みを整えていなければならないことになる。

ＧＭＯ食品に対する最近の米国人消費者の抵抗を考えると、小売業者はＧＭＯ由来の飼料に対する制限を強化し、それらの使用の全面禁止という圧力を感じるかもしれない。それは、非ＧＭＯトウモロコシや大豆の調達が困難であり、最高級品を提供する米国内の全養殖業者に対する圧力となる可能性がある。ノースダコタ州のある飼料工場の所有者は、例えば、非ＧＭＯ大豆は1ブッシェル（27～28キロ）あたり少なくとも2ドル高額になる、とアンダーカレント誌に述べた。

鮭用飼料のカーボンフットプリント。更に容易でないと思われるもう一つの現行規格は、重さ8オンス（２２７グラム）の生鮮養殖サーモンは、のＥＰＡとＤＨＡで構成されるオメガ３脂肪酸を最低１８２０ミリグラム含まなければならないという要件である。この要件は、米国国立科学アカデミー医学研究所のＥＰＡとＤＨＡの週当たり摂取許容範囲の上限に準拠している。サーモンは、一般的に、他の魚よりも餌料中にオメガ３のような多価不飽和脂肪を含む大量の脂肪含有量が必要である。

ところが、ペレットを適切にコーティングするのに必要な特殊真空注入押出装置を所有する飼料工場は米国内でほぼ皆無である、と情報筋はアンダーカレントに語った。近い将来により多くの飼料工場が高額な押出装置を追加しない限り、北欧のアクアファームズ社と、他にメインとフロリダで建造される大規模ＲＡＳサーモン養殖場への供給が困難となる恐れがある。フロリダ州のアトランティック・サファイア社にとって、米国内で生産するアトランティックサーモンの国内配送は、より小さな二酸化炭素排出量を意味する。

しかし、同社が新施設の初期段階で年間生産予定の８００トンのために十分な餌料を米国内で確保できなければ、同社は海外から飼料を輸入しなければならない。同社はすでにホールフーズの認定サプライヤーで、そのサーモンはデンマークのＲＡＳ施設からの魚で、バイオマー・グループからの互換飼料調達は容易である。バイオマーによれば、ヨーロッパや他の場所から米国への飼料輸送は、サーモンほどのカーボンフットプリントにはならない。飼料の輸送が温室効果ガスを減らす主な理由は、船舶による大量輸送の一方で、サーモンは空輸だからである。バリューチェーンでは、魚の１マイル当たりカーボンフットプリントは、加工度が高まるほど増加するのである。

（2019・3・3）

(80) ホールフーズ、水産養殖飼料基準の見直し
閉鎖循環式養殖（ＲＡＳ）に課題提供（その３）

フィッシュイン、フィッシュアウトの比率目標もルールになる可能性。ホールフーズは、水産養殖製品の環境への影響にも配慮していて、絶滅危機に瀕している飼料用魚種の漁獲量、魚種比を維持することで環境への圧力軽減を目指している。エビ、タラ、マス、サーモンなどに与る飼料１ポンド毎に、１ポンドの消費可能な食物を生産するべきである。つまり、１対１の比率である。

一方、ティラピアの目標比率は０・25対１といっそう厳しいものである。同社は、この比率の改善に向けた進捗状況の報告を納入業者に義務付けている。また、独立組織によって乱獲や過剰漁獲と判断された漁業からの飼料や副産物を調達しないよう警告している。飼料用魚種の使用を控えるためのもう一つの戦略として、現行基準において可能な限り魚の副産物を飼に利用することを奨励している。しかし、同社は魚の共食いを好まず、養殖魚へ同一魚種の副産物を餌とすることに対して警告している。

「副産物が食用養殖魚とは異種であるという条件で、加工魚の副産物（天然または養殖魚および甲殻類の加工から出るトリミング）使用の実現可能性を探る」と同社は忠告している。飼料原料中の魚粉と魚油の総量を減らす革新的な方法を探ることも奨励している。たとえば、魚油の使用量を減らすために、必須脂肪酸の源として海洋性の虫や藻類に由来する製品の使用検討を促している。

血液とフェザーミールの基準は継続の可能性。現行基準では、ホールフーズが販売する水産養殖魚類用の飼料に「鳥や哺乳類の食肉処理場の製品」を含めることを禁じていて、その制限は継続すると思われる。飼料用の一般的な蛋白源であるフェザーミールと血粉も排除されている。同社は、養殖業者への監査を要求し、違反の疑いがあれば、生産者の負担で試験用の飼料サンプル採取を指示している。試験で１０００ppmを超える値が検出された場合、生産者の承認は一時停止または却下されることになる、と同社は警告している。欧州連合の飼料工場では、２００１年以降、狂牛病の懸念から哺乳動物の肉・骨粉の家畜飼料への使用を禁止しているため、この要件に問題はない。

「ホールフーズは常に独自の課題を推進してきた」。ASCなどの主要水産養殖基準設定機関は、環境の持続可能性と健康を考慮に入れた飼料の要件を維持している。これには、

90年代後半に開始されたモントレーベイ水族館のシーフードウォッチも含まれ、１５００以上の種類のシーフードのスコアと評価が記載されていて、そのうち２４１種が養殖魚である。シーフードウォッチの採点では、１０５種のうち55種（52％）がグリーンの「最良選択」評価で、18種（17％）がイエローの「代替」評価、32種（30％）がレッドの「避けるべき」評価を受けている。

ホールフーズとは異なり、シーフードウォッチは血粉やフェザーミールを含む飼料中蛋白質の供給源に基づいて養殖魚を自動的に排除するわけではないが、代わりに餌料のより効率的な使用や、よく管理され持続可能であると考えられる飼料用魚種には得点を与えている。シーフードウォッチは、ホールフーズの事業所の多くをビジネスパートナーとして特定しているが、水産養殖に関しては、ホールフーズは独自の基準を保持し、他社・団体と提携したことはない。

水産業界の視点からは、ホールフーズの養殖飼料基準再評価は前向きな動きであり、「長期的には、ホールフーズのように実行可能性を重視する組織が、養殖飼料基準の再評価に注力する必要がある」とアルビオン・ファームズ・アンド・フィッシャリーズ社の副社長兼チーフサステナビリティオフィサーのガイ・ディーン氏は語った。２０１３・３・３０

(82) 最もホットなシーフード料理のトレンドとは

水産業界は、養殖業の進歩、持続可能性への懸念、そして絶え間なく変化するトレンドの間で他のどの食品カテゴリーよりもおそらく絶えず進化している。魚介類の産地、漁獲方法、そして健康と環境に与える影響を知ろうとする消費者の要望が増加する中で、ミレニアル世代や、それ以降の世代、そして〝エッジ〟を見つけようとするシェフの嗜好の変化や好奇心が、水産業界の目指すところに大きく貢献している。

シーフードソース誌は、新しい傾向と2019年の予測について、世界のさまざまな地域と産業部門から、料理について影響力があり尊敬されている人々の意見を集めた。

ウニ、ウニ、ウニ。オーストラリアのフィッシュテイルズ社（Fishtales）のコンサルタント兼ディレクター、ジョン・ススマン氏によれば、ある朝、西洋社会全体が目覚め、「ウニを食べるのだ」と告げられたようだった。ウニは何世紀にもわたってアジア圏諸国で珍味であり、しばしば媚薬の特性と健康上の利点で高く評価されてきた。そして、長年の経過を経て、ようやくアメリカ、オーストラリア、そしてイギリス国内のメニューへたどり着いたのである。そしてカリフォルニアが米国市場への最大供給地へと浮上してきたのである。

アイアンシェフ森本正治氏が、カクテルと共に提供する最も人気のある料理の一つが、スモーク・ベーコン、新鮮なエンドウ豆とともに、うどんにウニを加えて、ウズラの卵黄で飾り付けをするウニ・カルボナーラである。オーストラリアン・シーフード・クックブックの著者でもあるジョン・ススマン氏によれば、ウニ需要の増加は別の傾向も浮き彫りにしていて、ロブスター、アワビ、ヒゴロモエビ、キャビア、ウニなどの高級シーフードへの情熱の復活を表している。「消費者が超プレミアム・シーフード料理に飛びつく準備ができているため、これらの商品がより主流になりつつある」とススマン氏は述べた。

(83) 産地と野生

シーフードスコットランドのトレードマーケティングマネージャーであるススマン氏とクレア・マクドーガル氏は、シェフの購買決定とメニュー表示において、来歴が重要になることに同意している。ススマン氏によると、養殖魚介類は常に重要な位置を占めているが、特別な「野生魚」が再評価されている。「野生の漁獲物が地球上でユニークなタンパク質であるとして、メニューと消費者の両方で感謝の気持ちが高まっている」と彼は言っている。「風味、食感、そして入手可能性がユニークなのである」。スコットランドや彼女の旅行先で、マクドーガル氏はより目の肥えた消費者や、魚介類の産地を知りたいという消費者にとって、来歴がより重要になっていることに気づいた。

それはシーフードスコットランドのマーケティングキャンペーンの重大要素となり、漁業者の家族、漁村、そして地域社会の貴重な貢献について語ることが可能になるのである。「彼らのストーリーを伝えることで、シェフや顧客は彼らの食事についてより共感を覚え、かつ期待が高まっている」と彼女は語った。「産地だけではなく、加工方法や、使われている食材も知りたいのだ」。

他のトレンドとして職人の燻製技術の進化がある。スコットランドでは、燻製業者は健康面と彼らのルーツに戻るという2つの面で対応している、とマクドーガル氏は報告してる。「同国の燻製業者は、魚の自然な風味を感じさせるために、より少ない成分でより伝統的な燻製方法に回帰していて、地元社会を支援するためにより多くの地元製品を使用する傾向がある」と伝えている。缶詰業界にも同様な傾向がみられる。伝統的な家族経営が製造する地元で持続可能な小規模漁法で水揚げされるタコやホタテなど様々な缶詰に注目が集まっている。

（2019・4・8）

（84）アラスカ最大の海藻収穫が進行中

今週末までに、ケルプ養殖業者はコディアック沖の水域から最大20万ポンドのリボンケルプ（Alaria marginata、和名：クシロワカメ）とシュガーケルプ（Saccharina latissima、和名：カラフトコンブ）を水揚げするだろう、と5月17日付アンカレッジ・デイリーニュース紙が伝えている。アラスカ史上最大となるシュガーケルプの商業収穫がコディアック沖で展開している。２週間の収穫期が終了するまでに、コディアックの２人の海上養殖業者は合計15～20万ポンドのコンブを水揚げすると予想している。

コディアック・ケルプ・カンパニー（Kodiak Kelp Co.）の共同所有者であるレクサ・マイヤーズ氏によると、今年の収穫量は昨年の収穫量の少なくとも3倍になる。自家消費用の海藻類の収穫はアラスカの海岸線で何千年も前から行われてきた。

しかし、アラスカの商用海藻産業はほんの数年前に始まり、急成長している。たった5年前には、アラスカで商業的な海藻養殖業者は皆無だった。ケルプを栽培する養殖業の中請書は2016年に初めて発行された、とアラスカ州漁業狩猟局商業水産部の水生養殖コーディネーターであるシンシア・プリング・ハム氏は述べた。今日では、16の水産養殖事業が州内での海藻類の養殖を許可されている。プリング・ハム氏によれば、10の事業体はカキや他の貝類に加えて海藻を栽培する許可を、6事業体は海藻のみを栽培する許可を持っている。

ケルプの養殖はコディアックだけにとどまらない。リア・ハイフェッツ氏は、ケルプのサルサ、ピクルス、その他の製品を製造するジュノー市（Juneau）のバーナクル・フーズ（Barnacle Foods）社の共同所有者である。過去に、彼女の会社は野生のブル・ケルプ（Nereocystis luetkeana、和名：ブルウキモ）を使っていた。しかし今年、同社はケチカン近くの栽培業者ハンピーアイランド・オイスター・カンパニー（Humpy Island Oyster Company）から商業的に養殖されたケルプを買い付けるほどに事業を拡大した。

収穫の準備ができればバーナクル社は約2万5０００ポンドのケルプの買付けを計画している。コディアックのマイヤーズ女史と彼女の夫アルフ・プライヨル氏は、港から小型ボートで行ける距離にある18エーカーの海藻養殖場を運営している。彼らは2種類の海藻を栽培している。7フィートの長さまで成長する幅広で扁平なシュガー・ケルプはアジアでコンブとして販売されている。
ワカメとして販売されているリボン・ケルプは幅が狭く、葉の長さに渡って伸びる葉脈がある。彼らの収穫物はアラスカの発展途上産業の最前線にいたカリフォルニアを拠点とするブルー・イボリューション（Blue Evolution）社が買付けている。ケルプは4月下旬から5月上旬に収穫される。同社は、コディアックのニック・マンジニやアルフ・プライヨルなど、アラスカのケルプ養殖業者に種苗を販売し、成長したケルプを買い戻している。その後、ケルプはオーシャンビューティー社の加工場で加工され、ブランチングされた冷凍品として販売される。

これまでのところ、主な顧客は、企業、大学、その他のカフェテリアでのフードサービスである。アラスカ産ケルプは、オレゴン州ポートランドのリード・カレッジ（Reed College）のビーガンスープで食べることができ、ビル&メリンダ・ゲイツ財団のカフェテリアやアマゾンの企業向けケータリングメニューで見つけることができる。

ワールド・アクアカルチャー・ソサエティ（World Aquaculture Society）によると、海藻は世界的に60億ドル規模の事業である。しかし、ほとんどの海藻は韓国、日本、中国で収穫され、乾燥して調味料として使われている。

（2019・5・23）

(85) アメリカン・ウナギは、鰻市場の危機を変えられるか？

テキサス州オースティンの日系人シェフ、クリフトン・ロング・ジュニア（Clifton Long Jr.）氏によるメイン州のAmerican Unagiが飼育したロストラタ種に関する投稿を料理業界とテクノロジー業界を結ぶインターネット・プラットフォームCulEpiが掲載しました。その一部を紹介します。

「私は個人的にアメリカン・ウナギの製品を試食しました、そして高水準の日系アメリカ人シェフとして、その品質を保証します。アメリカン・ウナギが利用する持続可能な飼育方法は、美しく、清潔で、快活なウナギを提供します。同社の活ウナギは出荷翌日に到着します。半水陸両用のウナギは、海藻と共に体表のぬめりの層によって生き続けます。1ポンド16ドルで、このウナギは信じられないほどの取引です。丸のひれ魚の骨が体重の3分の1であるのとは異なり、80％以上の歩留まりを得ました。

そして、ソースに頭と背骨を使うことで、95％使用可能な製品に近づきました」。「供給も需要と一致することはできません。１９６３年にはウナギが豊富にあり、トン数は数億にのぼると私は先に述べました。しかし、およそ3世代で、ウナギの個体数は90％減少しました。日本のウナギ業界は、日本ウナギの供給が激減し、ヨーロッパ・ウナギ（アンギラ・アングィラ）という別の目標に目を向けていました。

日本のウナギ個体数の減少は、漁師や養殖業者に赤信号を点滅させていたのでしょうか。持続不可能なウナギ業界の慣行は単純に引き継がれ、２００５~10年の間に、ヨーロッパ・ウナギの個体数は98％も減少しました。」

「この報告書は、ＥＵ域内固有種の緊急保護を警鐘し、種の保存を目的に重要な繁殖期間の収穫を禁止しました。しかし、これでも成鰻の大きな取引を防げませんでした。２０１８年に、スペイン警察は、絶滅危惧種のヨーロッパ・ウナギの密輸操作を遮断しました。実際、合法的に入手したウナギ1尾につき、ウナギ4尾が違法に入手されていると推定されています」。「日本人はウナギ漁獲量の75％を毎年消費しているので、日本では国の宝の保存に大きな関心を持っていると想像するでしょう。

しかし、資源量の急減や高価格に直面しても、彼らは不安を感じていないようです。ウナギを食する伝統的な時期である真夏の牛の日は、小売り業者が輸入品の冷凍フィレを売るための金脈です。一方、家族経営のウナギ専門店は廃業しており、収益は生きているウナギの高価格によって相殺されています。

これらの歴史的な飲食店の中には、アメリカよりも古い歴史があります。皮肉なことに、これらのシェフが新鮮で適切に飼育されていたウナギに献身的に取り組んでいるため、彼らも絶滅の危機に瀕しています」。「もしあなたがシェフや仕入担当者であれば、アメリカン・ウナギ社とのビジネスを探求することを強くお勧めします。サラ・ラデメイカー（Sara Rademaker）のような人々が、ウナギ業界を存続させるでしょう。海の資源を枯渇させ、歴史的伝統を愚弄し続ける現在のプレイヤーではありません。」

アメリカン・ウナギ（American Unagi）社は、２０１２年にサラ・ラデメイカーが創設しました。２０１４年に自宅の地下室でごく少量のシラスウナギから事業を開始しました。翌年、パイロット施設へと拡大し、地元での飼育が可能であり、「トレーサビリティ」が消費者に重要であることを証明しました。パイロット施設は現在稼働中で、2018年に商業施設へと拡大しています。

（２０１９・６・９）

(86) テスコ、養殖サーモンの藻類ベース飼料に期待

英国の小売大手テスコは、持続可能なタンパク質滋養の使用を促進するために自社の基

準を切り替えており、サーモン養殖業者に魚油の代替品を含めることを求めている、とイントラフィッシュ（IntraFish）が報道している。

テスコは、サーモンの餌料における天然魚の使用を減らして、他の業界大手も伝統的な魚油よりもオメガ３を多く含む海藻オイルを選択することを奨励している。テスコは、主要なサーモン納入業者がオメガ３を多く含む海藻オイルの使用拡大を支援すると伝えている。

新たな基準は、第三者認証機関によって監査される。Tesco は IntraFish に、納入業者との協議を経て、新基準の正式な公開日程を確定する予定である、と同社はイントラフィッシュへ伝えた。

オランダの海藻オイル生産会社ベラマリス（Veramaris）はテスコの動きを歓迎している。「テスコの決定は、サーモン養殖産業のサプライチェーンに影響を与えるので、需要を満たすために生産を迅速に立ち上げている」と、ベラマリスの広報担当者はイントラフィッシュに語った。

テスコは、海洋生態系への圧迫から解放する代替餌料成分の支援を約束している。

テスコは、魚粉と魚油の使用は持続可能な方法で管理できることを認識しており、同社の目的は海洋成分から完全に離脱することではないという。テスコは、餌料を製造するための海洋資源の持続可能な利用の一例として、未利用の非サケ科魚類のトリミングによる魚粉と魚油への利用を挙げた。

藻類、昆虫、単細胞タンパク質など、代替成分は大流行だが、その費用はいくらだろう？テスコは、来年までに餌料魚依存率（FFDR）1・75未満の魚油という野心的な目標に取り組んでいる。同社は、フィッシュ・イン－フィッシュ・アウト比が1未満になるように時間をかけて結果を確認している。

この計画では、供給基盤、および世界自然保護基金（ＷＷＦ）や餌料原料の生産者を含む他の業界関係者と緊密に連携する予定である。

（２０１９・８・19）

(87) 米国の主要な人工培養肉新興企業が提携

食品関係の報道各社によると、米国の人工培養肉・魚肉会社の背後にある有力な革新的技術者が力を合わせて、新しい食品技術を主流に押し上げている。

畜肉・鶏肉・魚肉革新技術同盟（The Alliance for Meat, Poultry and Seafood Innovation）

を発表した5社は、これが目的を同じくする産業として声を上げる第一歩であると説明している。この組織はワシントンDCで人工培養肉業界を代表してロビー活動を展開することで、この新たな食品について公衆への啓蒙活動と組織加盟会社による意見交換の場として活動する。

発起人の5社は、ジャスト（JUST）、メンフィス・ミート（Memphis Meat）、フィンレス・フーズ（Finless Foods）、ブルーナル（BlueNalu）、フォーク・アンド・グッディ（Fork and Goode）である。昨年、５社の代表は毎週顔を合わせ、直面する課題と、公式な共同組織設立に向けて話し合いを進めてきた。

この組織の立ち上げは、人工培養肉に関して二つの理由から重要な節目となる。先ず、動物を殺すことなく、動物由来の細胞を培養することで本物の肉を製造する人工培養肉の技術は、広範囲の消費者へ訴える一因となる。加盟各社はすでに彼らの食肉を特定の企業内試食に提供しているが、より大きな市場へ提供するのに十分な製造量は把握しづらい。

第二に、障壁となる既存の規制を克服する統一努力を示し、人工培養肉製品とその加工製品が、他の食品産業から求められている安全規制に対応しているということを連邦政府の食品機関へ示すことである。現在、既存の連邦政府制度に従う市場向けの人工培養肉の生産工程を確保する手続きが存在しない。今回の新組織は、様々な疑問を解決するために政府の規制当局と共同して作業を進めて、市場への経路を作り出すことを期待している。

ここに至るまで、人工培養肉企業は、彼らの代表としてワシントンＤＣを拠点とする非営利団体グッド・フード・インスティチュート（Good Food Institute : GFI）に依存していた。ＧＦＩは、植物由来食品とヴィーガン（安全植物性食品）のハイテク企業を代表する包括組織である。しかしながら、人工培養肉企業だけからなる組織への移行は、公衆の想像力の中に膨らむ存在感を見出す成長産業として統一した見解を主張できる。

サンフランシスコを本拠とするジャストの報道担当者アンドリュー・ノイェスは、事実を空想から切り離さなければならない、と語った。「消費者と政治家に、市場を開放するために我々の業界と製品について伝えることがある。」

規制当局や一般消費者とこのような情報伝達を確立することとは、当組織の企業が前進する背後にいる科学者にとって重要事項になってくる。

「この産業は成熟化していて、一年前やそれ以前に考えたられていたよりも現実化している。」と人工培養魚肉を製造するブルーナル社のルー・クーパーハウス最高経営責任者は語っている。「10.年先のことではなく、より短時間で実現する。」

現時点では、アメリカ企業だけで組織する同盟である。今のところ、イスラエルのアレフ・ファームズ(Aleph Farms)とかフューチャー・ミート・テクノロジーズ(Future Meat Technologies)、オランダのモサ・ミート（Mosa Meat)、日本のインテグリカルチャーなど著名な企業の加盟はない。新組織の企業は新たな企業の参加を受け入れる用意があると言っている。

（２０１９・９・１）

(87) 魚の内臓から生分解性ビニール袋製造

一人の大学生が魚の内臓から作られた生分解性のビニール袋を発明した、とニュースクエスト・ディジタル・メディアが最近報道した。

イギリス、コルチェスターのサセックス大学に在籍するルーシー・ヒューズ氏（23歳）は、魚の端材を利用して独自のプラスチック代替品を作成することにより、使い捨てプラスチックと非効率な廃棄物の問題を解決しようとしている。

彼女は、製品設計の学位の一部として、マリーナ・テックス（MarinaTex）を作成した。内臓、血液、貝殻、ひれ、鱗など、水産加工産業が排出する大量の廃棄物が、毎年埋め立て処分されている。魚のタンパク質を結合する方法を見つけようとして、彼女はサセックスの海岸線に目を向けたところで、紅藻を発見した。彼女は最終的に、生分解性と半透明性を備えて安定したプラスチックのような素材を作成し、マリーナ・テックスという名前を付けた。

ルーシーは次のように発言している。「プラスチックは素晴らしい素材であり、その結果、デザイナーやエンジニアとして私たちはプラスチックに頼りすぎました。1日未満の使用期限を持つ製品に、信じられないほど耐久性のあるプラスチックを使用していることは、私には意味がありません。」「私にとって、マリーナ・テックスとは、持続可能で、地域的、循環的な価値をデザインに取り入れることにより、物質的な革新と選択へのこだわりを実現しています。考案者として、私たちはデザインにおいて自分自身を形態と機能だけに制限するのではなく、形態、機能、自然環境に限定すべきです」。

彼女の独創的で環境にやさしい製品は、次世代のデザインエンジニアを支援するジェームス・ダイソンアワードを受賞している。国内優勝者として2000ポンドを受け取り、さらにコンテストの国際ラウンドに進み、3万ポンドを獲得するチャンスが彼女にはある。

マリーナ・テックスが無駄な使い捨てプラスチックに対するグローバルな回答となる方

法をさらに研究するために賞金を利用して、この発明を持続的に商業化することを彼女は目指している。

マリーナ・テックスは半透明で柔軟性のあるシート材料であるため、ラッピングや梱包材料として使用できる。当初の試験では、石油ベースの同等品よりも強く、安全で、はるかに持続可能であることが示唆されている。その独自の処方により、強度と柔軟性を作り出している。そして、原材料は、製品生産において必要なエネルギーは比較的少ない、と言われている。4週間から6週間で生分解し、家庭での堆肥化に適しており、毒素を漏らさず、独自の廃棄物管理施設の必要性もない

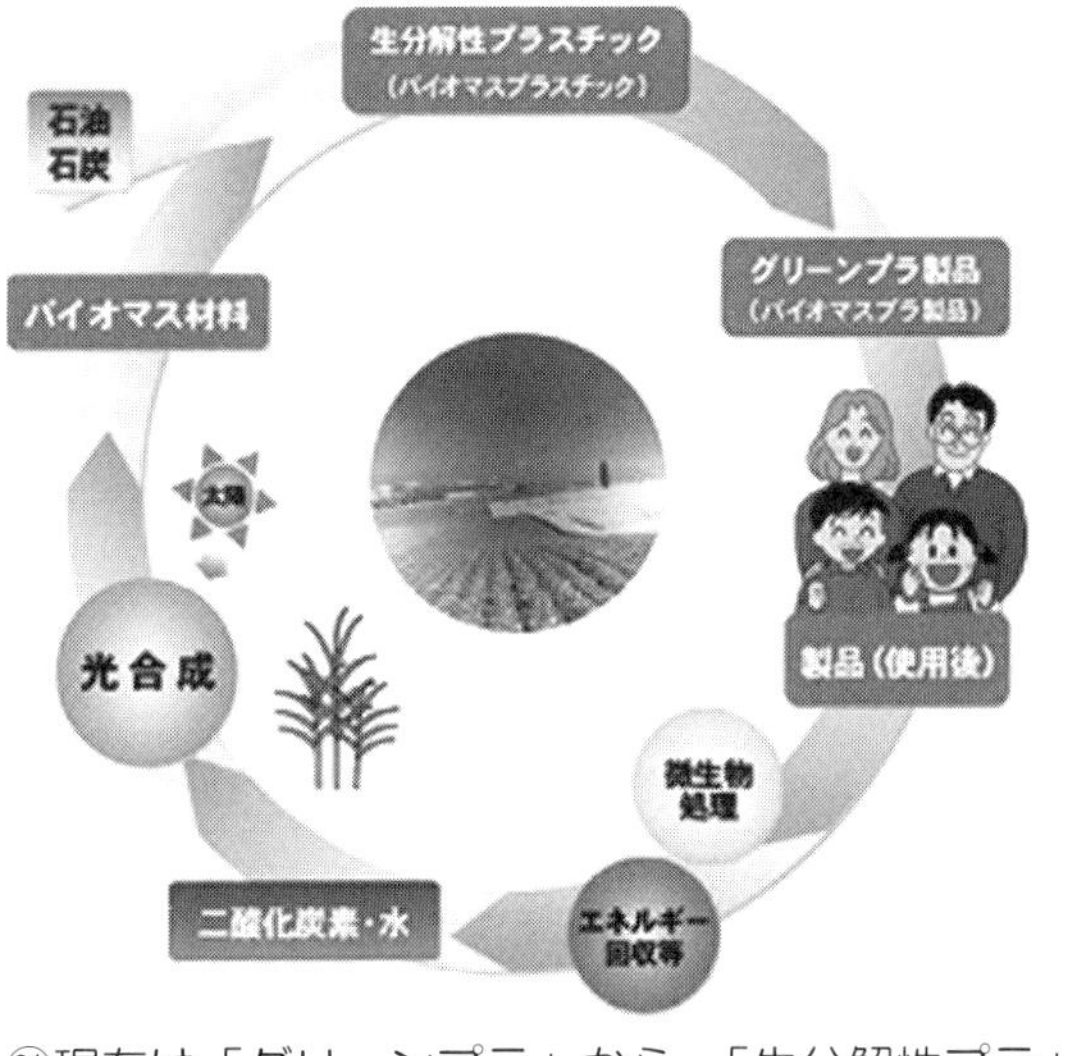

㉛現在は「グリーンプラ」から、「生分解性プラ」と名称変更されている
（日本バイオプラスチック協会の提供による）

と彼女は言っている。漁業からの副産物を使用することにより、廃棄物も削減するのである。（２０１９・９・29）

(88) メイン州のサーモン養殖場で動物福祉が問題に

10月7日のシーフード・ソース（SeafoodSource）誌によると、米国メイン州農務省は、同州ビンガムのクック・アクアカルチャー（Cooke Aquaculture）サーモン養殖場で動物虐待が発生したという苦情を調査している。この苦情は、ワシントンD.C.に本拠を置くビーガン（完全菜食主義者）活動家グループCompassion over Killing（COK）（殺戮への思いやり、筆者訳）によって提出されたようである。

このグループは10月7日にユーチューブにビデオを公開した。「ＣＯＫは当局に証拠を提出しており、迅速な執行措置を求めている」と同グループは記者発表で述べた。メイン州農務省のスポークスマン、ジム・ブリットはシーフード・ソースに対し、調査が進行中であると言う以外何もコメントできないと語った。「この調査は継続中であり、解決へのスケジュールはない」と彼は言った。

クック・アクアカルチャーの声明によると、同社の役員は９月16日にメイン州農務省から連絡を受け、９月17日に養殖場の担当部門と面談して苦情について話し合った。同社によれば、この苦情には、同社のビンガム養殖場での魚の取り扱いに関する隠しカメラのビデオ映像も含まれていた。

「今日まで、私たちは映像を見る機会がなかったし、それがどのように撮影されたかも知らなかった」とグレン・クック（Glenn Cooke）最高経営責任者は声明で述べた。「担当部門から得た情報に基づいて、ビーガン組織の活動家によって今日発行された映像を検討した結果、容認できない魚の取り扱い事件がビンガム養殖場で発生したようだ。このような行為は当社の基準ではないので、継続することはない。クック家は35年以上魚を育てているが、今回の事件については不満であり、二度と起こらないようにするために、必要な監視とバランスの調整をすでに開始している。」クック氏は、「メイン州農務省と緊密に協力して、すべての慣行が遵守されていることを確認し、保証している」と述べた。

「今日見たものに失望し、深く悲しんでいる。ファミリー企業として、私たちは動物福祉を運営基準の上位に置き、最適なケアと最善の実践を考慮して魚を育てることに努力している。今日私たちが見たものは、これらの基準を反映していないことで間違いない」。「私たちはすべての従業員と話し合っており、メイン州の施設で厳格な再訓練プログラムを実施する。これは、動物福祉の重要性を強化するために、当社のすべてのグローバル事業に適用される」。

5分ほどの長さのCOKビデオでも、養殖場で魚の一部に奇形が見られ、ほかにも開いた傷口が見られた。同グループはまた、調査により、養殖場の魚に菌類が増殖していることも発見したと述べた。ビデオは、ナレーターが「残念なことに、これが魚を食糧として飼育するというつらい現実です」と言って終わる。

「水産養殖は残酷で搾取的な水産工場システムである。養殖は海洋の乱獲に対する解決策ではない。これらの魚類、そして私たちの惑星を保護する最善の方法は、魚を食卓から遠ざけることである」と語り手は続ける。それに対して、クック氏は、「食事に魚介類、肉、牛乳、卵が含まれているかどうかにかかわらず、わが社は消費者の食事の選択を尊重している」と述べた。「動物の健康と福祉が魚を育てる重要な要素であり、それらの要素を効果的に管理できる立場にあることを理解している。

企業として、私たちは動物福祉を運営基準の上位に位置付け、最適なケアと最善の実践を考慮して魚を育てる努力をしている。規制の順守と業務の自主的な第三者監査を通じて、社内における最善策を定期的に検証している。厳格な包括的従業員訓練と運用基準トレーニングプログラムに加えて、疑問や懸念がある場合、または慣行が遵守されていないと感じた場合は、従業員が発言することを勧めている。

「私たちの家族、会社、従業員は、動物福祉を真剣に考えている。政策と手順を整備しており、チームが十分なトレーニングを受け、厳格な基準に準拠するように非常に努力している。施設内の健康管理計画を直ちに更新し、手順とトレーニングを強化している。魚の健康と管理に対する私たちの決意は、他の追随を許さない。養殖場で育てられ、世界中どこでも入手可能な、最高品質で、安全で、最も手頃な価格のシーフード製品へのこだわりと同じである。

（２０１９・１０・８）

(89) シンガポールでフグの試食会

国際フグ協会と全漁連のプロモーションで10月15～18日にシンガポールに行ってきました。ＵＯＢプラザ60階の中国料理レストランで現地のレストランや輸入業者を招待して日本産フグに関するセミナーと試食会が開催されました。およそ2時間半のプログラムは

㉜シンガポールでのフグ試食会
（国際ふぐ協会・古川幸弘会長提供、右の人）

１００名近い来場者で大盛況となり、現地のフグに対する期待を強く感じるイベントでした。現在日本産フグの輸入を認めている国は、山口県等の資料によればアメリカ（およそ８００キロ）、マレーシア（１５０～１６０キロ）、そしてシンガポール（１６００キロ）です。

試食料理は会場の四川レストランのシェフが四川風焼売、なべ料理などフグを使った数種類の中華料理を提供しました。またこのイベント用に日本から持ち込んだフグのから揚げも人気が高かったようです。また東京シーフード・ショーで同時開催される「WORLD SUSHI CUP」の２０１８年受賞者スカイ・タイ氏がフグ寿司を提供しました。

セミナー・試食会の後はフグ製品の商談会が開かれ、日本から出展した３社がシンガポールの外食企業と輸出向けの商談を行いました。このイベントの詳細は近日中に国際フグ協会から公表されると思います。（？）

(90) シーフード消費は子供の高ＩＱにリンク

２０００年以来、13の主要な食物脂肪科学者のグループによって行われた44の異なる科学研究の体系的レビューにより、妊娠中に母親が魚介類を食べた子供たちは、魚介類を食べなかった母親の子供たちと比較して平均７・７ＩＱポイントを獲得したことが分かった。「妊娠期および小児期の魚介類消費と神経認知発達の関係：２つの系統的レビュー」が、プロスタグランジン、ロイコトリエン、必須脂肪酸に関する機関誌PLEFA（Prostaglandins, Leukotrienes and Essential Fatty Acids）で最近発表された。

10万２９４４人の母子ペアと2万５０３１人の子供に関する研究を評価する論文の要点は以下のとおりである。

○　24の研究で、母親の魚介類摂取は、子供に実施されたテストの一部またはすべての神経認知で有益な結果と関連していることが報告された。有益な結果は、早ければ3日から17歳までに投与されたテストで現れた。

○子供が妊娠中に魚介類を食べなかった母親と比較して、母親が魚介類を食べた場合、子供は平均7・7フルＩＱポイントを獲得する。ＩＱメリットの範囲は5・6～9・5ポイントだった。

○ＩＱに加えて、神経認知の結果の測定には、言語能力、視覚能力、運動能力の発達、学力の達成、および多動性とＡＤＨＤ（多動性症候群＝落ち着きのなさなどが多動な症状）の診断に特に注目した4つが含まれる。油性魚介類を食べていない母親の子供たちは、多動性のリスクがほぼ3倍高いことがわかった。

○神経認知発達への利点は、妊娠中に消費される魚介類の最低量から始まり（1食分または週に約１４０㎎）、一部の研究では週に３０００㎎を超える量が見られた。44の出版物のいずれにおいても、海産物消費の悪影響は神経認知に見られず、脳の発達に対する水産物の利点に上限がないことを示しています。

○シーフードには、タンパク質、ビタミンＢ6、Ｂ12、Ｄおよびオメガ3脂肪酸が含まれており、全体としてこれらの重要な結果に貢献しています。この体系的なレビューでは、単一の栄養素とは対照的に、シーフードを調査している。

○「リスクは十分な魚介類を食べていないことであり、幼児の脳、目、および全体的な神経系の発達に大きなメリットがある」と、論文の著者であり２０１５―２０２０食事ガイドライン諮問委員会のメンバーであるJ. Thomas Brenna博士は結んでいる。

（２０１９・10・25）

あとがき

編纂をお手伝いした辻です。水産専門誌記者であった私が、浅川さんと初めてお会いしたのは、いまから40年前の１９８２年にアラスカ州政府の水産担当者として浅川さんが日本に赴任(帰国)した時でした。着任のお知らせが大使館を通じて州の事務所から届き、さっそく人物紹介コラムでのインタビューに会いました。その頃の浅川さんの穏やかなお顔は、口の周りにふさふさの髭を生やしていました。これは日本人が童顔であるため、外国ではとかく大人とみられるように髭を生やすことが多く、アラスカでもこの傾向があり立派な髭を生やされていたと思います。

その後、在日米国大使館に移り、さまざまな米国水産物のプロモーションのイベントや記者会見でお会いした。さらに私がいた新聞社は、読者に海外視察セミナーの参加を呼びかけ、米国カニ風味市場セミナー、米国西海岸でのシーフード・セミナー、ボストン・シーフードセミナー（計十数回）などを実施し、そのたびごとに米国での訪問先の紹介や米国水産庁（ＮＭＦＳ）の担当官や研究所のアポイントをお願いし、大変お世話になっていました。また、私が米国すり身事情の取材としてシアトルに毎年２回（約20年間）を訪問、米国すり身協会（USSC）関係と懇意を深めていますが、この米国すり身協会が来日した際に浅川氏とお会いする機会が多く、米国すり身協会事務局の髙池和之氏からは、浅川氏と共に二次会に誘われ親交を深めさせていただきました。さらに私のカニ風味かまぼこと冷凍すり身をテーマに学位論文の作成では、英文サマリーの作成でご指導をいただくなど、公私ともに大変お世話をいただいております。

そして2015年には、それぞれが定年となり浅川氏は水産貿易コンサルタント業、私も別の水産専門紙に移っていました。この時、農林水産省では、日本の農水産物の輸出目標1兆円を掲げ、ジェトロ（JETRO）本部では、盛んに海外市場開拓のセミナーを開催していました。米国食品市場セミナーの場で浅川氏に会い連載を提案、その後5年にわたり毎月2回の投稿をいただきました。

新型コロナウイルスの影響が続く令和3年2月頃、浅川さんから「連載したものは（本にまとめますか）どうしますか？。没《ぼつ》ですか」とメールが届きました。「そろそろ本にしなくていけませんが、コロナで動きがとれません。ワクチン接種を終えたら行動しますので、しばらく時間をください」と返事をしました。地元市町村での接種は時間がかかることから東京大手町での自衛隊による大規模接種により接種を終え、編集等の作業を開始、今回の発刊に至りました。
長年にわたり温かく接していただき、また、大変お世話いただいた浅川知廣さんへのささやかなお礼として、本書の発刊に携われることができました。また、本の制作にご協力とご協賛をいただいた皆様にお礼と感謝をを申し上げます。ありがとうございます。

令和3年10月吉日

編纂のお手伝い　辻雅司（東京海洋大学　産学・地域連携推進機構客員教授）

写真の出典一覧

①ボストンシーフードショーの入口＝辻雅司氏撮影・提供
②マサチューセッツ州グロスター市のフィッシャーマンズ・メモリアル＝写真クレジットは表紙下に表示
③冬のソナタの韓国を訪問・トンヨン 冬ソナタの建物
　＝著者所有
④ 2019 年 10 月パリコルドンブルー本校での日本水産食材の料理講習会＝著者所有
⑤養殖サーモンの洗浄加工風景＝辻雅司氏撮影・提供
⑥カニカマ（スチックタイプ）＝水産ねり製品メーカーよりメディア向け提供写真として辻雅司氏が受領
⑦米国の鮮魚販売コーナー＝辻雅司氏撮影・提供
⑧ハノイのイオンモー＝筆者撮影
⑨MSC認証ロゴマーク＝パブリック公開されているものを使用
⑩米国産のあん肝＝写真提供ジーエフシー株式会社
⑪米国のツナ缶詰（スターキスト）
　＝パブリック公開されているものを使用
⑫サケ用配合餌料のモイスペレット＝辻雅司氏撮影・提供
⑬メキシコのマグロ養殖場＝辻雅司氏撮影・提供
⑭抗生物質未使用証明マーク＝米国ミシガン州N SF インターナショナルによる公開資料より
⑮アラスカシーフード PR ポスター
　＝アラスカマーケティング協会の HP より
⑯アルゼンチン沖で違法操業する外国漁船
　＝アルゼンチン沿岸警備隊公開写真

⑰アジアで人気急上昇のシーフード・展示会での盛付例
　＝辻雅司氏撮影提供
⑱ハワイ島で養殖している海藻＝辻雅司氏撮影・提供）
⑲青島国際シーフードショーの会場風景＝辻雅司氏撮影・提供
⑳フランス・アーカッションでの牡蠣養殖場での加工風景
　＝辻氏撮影・提供
㉑長野県佐久のコイ＝長野県水産試験場提供
㉒お馴染みのフランスの暴動（イメージ）
　＝写真素材会社より取得
㉓ロブスター＝写真素材会社より取得
㉔ボストンシーフードショーにジェトロの日本パビリオン
　＝ジョトロ農水産事業課提供
㉕ピラルク＝写真素材会社より取得
㉖米国産のロブスター＝ラングスター提供
㉗シーシェパードのボート＝日本鯨類研究所提供
㉘ステーキの写真＝辻雅司氏撮影・提供
㉙日本水域で違法操業する外国漁船に放水する海上保安庁の取締船＝水産庁ＨＰより
㉚閉鎖循環式養殖の図＝日本水産株式会社提供
㉛生分解性プラスチックの循環概念図
　＝日本バイオプラスチック協会・提供
㉜シンガポールでのフグの試食会の模様
　＝国際ふぐ協会・古川会長提供

浅川　知廣（あさかわともひろ）　著

トム・アサカワの
世界のおさかな事情

2021年10月27日　第1刷発行

発行者　山本　義樹
発行所　北 斗 書 房
東京都江戸川区一之江８－３－２　〒132-0024
TEL 03(3674)5241　FAX 03(3674)5244
URL http://www.gyokyo.co.jp

ISBN978-4-89290-063-1 C0095

表紙デザイン　エヌケイクルー
印刷・製本　モリモト印刷

北斗書房の本

岐路に立つ魚類養殖業と小規模家族経営

長谷川健二 著　4,000円＋税

ISBN978-4-89290-055-6　A5判 433頁

海女、このすばらしき人たち

川口祐二 著　1,600円＋税

ISBN978-4-89290-025-9　四六判 227頁

東南アジア、水産物貿易のダイナミズムと新しい潮流

山尾政博　編著　3,000円＋税

ISBN978-4-89290-027-3　A5判 217頁

東南アジア、日本の水産技術協力

山尾政博　編著　2,000円＋税

ISBN978-4-89290-053-2　A5判 133頁

帝国日本の漁業と漁業政策

伊藤康宏・片岡千賀之
小岩信竹・中居　裕 編著　3,000円＋税

ISBN978-4-89290-039-6　A5判 351頁